中文版 3ds Max

材质贴图案例高级教程

蔡克中　张莹　汪训 / 主编　　梁富新　陈静　李婷婷 / 副主编

中国青年出版社
CHINA YOUTH PRESS　　中青雄狮

图书在版编目（CIP）数据

中文版3ds Max材质贴图案例高级教程 / 蔡克中, 张莹, 汪训主编.
— 北京: 中国青年出版社, 2016.6
ISBN 978-7-5153-4239-9
I.①中… II.①蔡… ②张… ③汪… III.①三维动画软件–教材
IV.①TP391.41
中国版本图书馆CIP数据核字（2016）第138350号

中文版3ds Max材质贴图案例高级教程

蔡克中　张莹　汪训　**主编**
梁富新　陈静　李婷婷　**副主编**

出版发行：中国青年出版社
地　　址：北京市东四十二条21号
邮政编码：100708
电　　话：（010）50856188 / 50856199
传　　真：（010）50856111
企　　划：北京中青雄狮数码传媒科技有限公司

策划编辑：张　鹏
责任编辑：刘冰冰
封面制作：吴艳蜂

印　　刷：山东省高唐印刷有限责任公司
开　　本：787×1092　1/16
印　　张：12.25
版　　次：2016年6月北京第1版
印　　次：2016年6月第1次印刷
书　　号：ISBN 978-7-5153-4239-9
定　　价：49.90元（网盘下载内容含语音视频教学与案例素材文件及PPT课件）

本书如有印装质量等问题，请与本社联系　电话:（010）50856188 / 50856199
读者来信：reader@cypmedia.com
如有其他问题请访问我们的网站: http://www.cypmedia.com.cn

PREFACE
前言

提到3ds Max，大家并不陌生，都知道它是一款功能强大的三维建模与动画设计软件，利用该软件不仅可以设计出绝大多数建筑模型，还可以制作出具有仿真效果的图片。为了帮助读者能够在短时间内掌握材质与贴图的应用知识，我们组织高校教师及一线室内设计师共同编写了此书。

本书以最新的设计软件3ds Max 2016为写作基础，围绕室内模型材质的添加展开介绍，以"理论+实例"的形式对3ds Max材质与贴图的应用知识进行了全面的阐述，突出强调知识点的实际应用性。书中每一个模型的制作均给出了详细的操作步骤，同时还贯穿了作者在实际工作中得出的实战技巧和经验。

全书共8章，各章的主要内容介绍如下：

章 节	内 容
Chapter 01	介绍了材质入门必备的知识，如材质的构成、材质编辑器、默认材质的参数设置等
Chapter 02	介绍了材质的基础知识，其中包括3ds Max材质和VRay材质
Chapter 03	介绍了贴图的应用知识，包括贴图与材质的关系、3ds Max贴图和VRay贴图
Chapter 04	介绍了场景中基本材质的创建，如金属、玻璃、油漆、陶瓷等常见物体的材质
Chapter 05	介绍了如何制作利用贴图表现的材质，如木质材质、石材材质、布料材质等
Chapter 06	介绍了玄关场景效果的制作，包括场景各类材质的添加、场景灯光的设置等
Chapter 07	介绍了卧室场景效果的制作，包括卧室中各类材质的添加、室内灯光的设置等
Chapter 08	介绍了厨房场景效果的制作，包括橱柜、厨具等材质的添加、室内外光源的设置等

本书内容知识结构安排合理，语言组织通俗易懂，在讲解每一个知识点时，附以实际应用案例进行说明。正文中还穿插介绍了很多细小的知识点，均以"知识链接"和"专家技巧"栏目体现。此外，网盘附赠典型案例教学视频供读者学习。本书既可作为了解3ds Max各项功能和最新特性的应用指南，又可作为提高用户设计和创新能力的指导。

本书案例素材文件、语音视频教学、PPT电子课件下载地址如下，也可扫描二维码下载：

下载地址：
https://yunpan.cn/cPuSET3SFgiUx
访问密码：29aa

本书适用于以下读者：室内效果设计人员；室内效果图制作人员与学者；室内装修、装饰设计人员；装饰装潢培训班学员与大中专院校相关专业师生。本书在编写和案例制作过程中力求严谨细致，但由于水平和时间有限，疏漏之处在所难免，望广大读者批评指正。

编 者

CONTENTS
目　录

常用贴图知识

材质表现Ⅰ

材质表现Ⅱ

玄关场景表现

卧室场景表现

厨房场景表现

附 录

Chapter

01

材质入门必备

本章概括地介绍了3ds Max的材质，包括材质的构成、材质与灯光的关系、材质编辑器的构成以及材质设置的基本参数，重点是要读者了解材质与灯光的关系以及材质的几个重要参数的含义，使读者对3ds Max的材质有初步的认识。

知识要点

① 材质与灯光的关系
② 材质编辑器工具
③ 参数卷展栏
④ 材质设置的基本参数

上机安排

学习内容	学习时间
● 材质编辑器	30分钟
● 材质参数的设置	20分钟

1.1 初识材质

从严格意义上来讲，材质实际上就是3ds Max系统对真实物体视觉效果的表现，而这种视觉效果又通过颜色、质感、反射光、折射光、透明度、自发光、表面粗糙程度、肌理纹理结构等诸多要素显示出来。这些视觉要素都可以在3ds Max中通过相应的参数或选项进行设定。

在3ds Max中，材质的具体特性都可以通过其参数的设置进行手动控制，如漫反射、高光、不透明度、反射、折射以及自发光等。

1.1.1 材质的构成

在3ds Max中，基本材质和贴图与复合材质是不同的，材质模拟的表面反射特性与真实生活中对象反射光线的特性是有区别的。材质最主要的属性是漫反射颜色、高光颜色、不透明度和反射折射，而其使用三种颜色构成对象表面，即漫反射颜色、高光颜色以及环境光颜色，如下图所示。

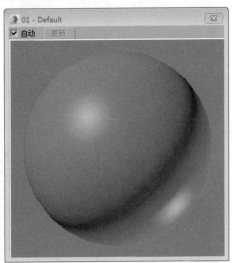

- 漫反射颜色：光照条件较好，比如在太阳光和人工光照直射情况下，对象反射的颜色。又被称为对象的固有色。
- 高光颜色：反射亮点的颜色。高光颜色看起来比较亮，而且高光区的形状和尺寸可以控制。根据不同质地的对象来确定高光区范围的大小及形状。
- 环境光颜色：对象阴影处的颜色，它是环境光比直射光强的时候对象反射的颜色。

使用这三种颜色以及对高光区的控制，可以创建出基本反射材质。这种材质相当简单，可以生成有效的渲染效果，还可以模拟发光对象以及透明或半透明对象。

这三种颜色在边界地方相互融合。在环境光颜色与漫反射颜色之间，融合根据标准的着色模型进行计算；在高光颜色和环境光颜色之间，可使用材质编辑器来控制融合数量。

1.1.2 材质与光源的关系

材质与光源是相互依存的。比如说，借助夜晚微弱的光线往往很难分别物体的材质，但在正常的照明条件下，则很容易分辨，如下左图所示。另外在彩色光源的照射下，也是很难分辨物体表面颜色的，在白色光源的照射下则很容易分辨，如下右图所示。种种情况表明，物体的材质与灯光有着密切的关系。

1.1.3 材质与环境的关系

色彩是光的一种特性，通常我们所看到的色彩是光作用于眼睛的结果。但是光线照射到物体上的时候，物体本身会吸收一些光色，同时也会漫反射一些光色，这些漫反射出来的光色到达我们的眼睛之后，就决定物体看起来是什么颜色，这种颜色在绘画中被称为固有色，如下左图所示。这些被漫反射出来的光色除了会影响视觉之外，还会影响它周围的物体，这就是光能传递，如下右图所示。

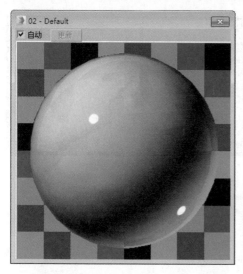

另外，光能传递的实质意义是在反射光色的时候，光色以辐射的形式发散出去。所以，它周围的物体才会出现染色现象。

1.2 材质编辑器

材质编辑器是一个独立的窗口，3ds Max中设置材质的过程都是在材质编辑器中进行的，通过材质编辑器可以将材质赋予3ds Max的场景对象。

用户可以通过单击主工具栏中的按钮或者执行"渲染"菜单中的命令打开材质编辑器。可以看到材质编辑器由菜单栏、材质示例窗、工具栏以及参数卷展栏四个组成部分，如右图所示。

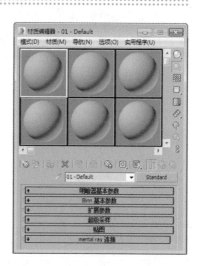

1.2.1 工具栏

材质编辑器的工具栏位于示例窗右侧和下侧，右侧是用于管理和更改贴图及材质的按钮。为了帮助记忆，通常将位于示例窗下面的工具栏称为水平工具栏，示例窗右侧工具栏称为垂直工具栏。

1. 垂直工具栏

垂直工具栏主要用于对示例窗中的样本材质球进行控制，如显示背景或检查颜色等。下面将对垂直工具栏中的选项进行介绍。

（1）采样类型

使用该按钮可以选择要显示在活动示例窗中的几何体。在默认状态下，示例窗中显示为球体。当按住按钮，将会展开工具条，在展开工具条上提供了三种几何体显示类型。

（2）背光

用于切换是否启用背光，使用背光可以查看调整由掠射光创建的高光反射，此高光在金属上更亮，如下左图所示。

（3）背景

用于将多颜色的方格背景添加到活动示例窗中，该功能常用于观察透明材质的反射和折射效果，如下右图所示。也可以使用"材质编辑器选项"对话框指定位图作为自定义背景。

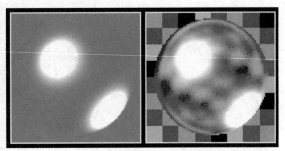

（4）采样UV平铺

可以在活动示例窗中调整采样对象上的贴图重复次数，使用该功能可以设置平铺贴图显示，对场景中几何体的平铺没有影响。按住"采样UV平铺"按钮，将会展开工具条，工具条上提供了□□□□四种贴图重复类型。

> **知识链接 平铺图案**
>
> 使用此选项设置的平铺图案只影响示例窗，对场景中几何体上的平铺没有影响，效果由贴图自身坐标卷展栏中的参数进行控制。

（5）视频颜色检查

用于检查示例对象上的材质颜色是否超过安全NTSC和PAL阈值。

（6）生成预览

可以使用动画贴图向场景添加运动。单击"生成预览"按钮，将会打开"创建材质预览"对话框，如下图所示。从中可以设置预览范围、帧速率和图像输出的大小。

（7）选项

单击该按钮可以打开"材质编辑器选项"对话框，如右图所示，在该对话框中提供了控制材质和贴图在示例窗中显示方式的选项。

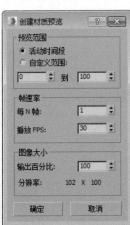

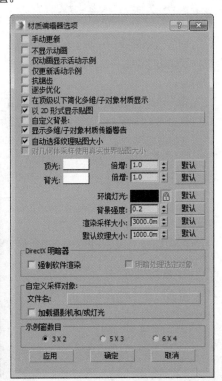

（8）按材质选择◙

该选项能够选择被赋予当前激活材质的对象。单击该按钮，可以打开"选择对象"对话框，如下左图所示，所有应用该材质的对象都会在列表中高亮显示。另外，在该对话框中不显示被赋予激活材质的隐藏对象。

（9）材质/贴图导航器◙

单击该按钮，即可打开"材质/贴图导航器"窗口，如下右图所示。在该窗口中可以选择各编辑层级的名称，同时"材质编辑器"中的参数区也将跟着切换结果，随时切换到选择层级的参数区域。

2. 水平工具栏

水平工具栏主要用于材质与场景对象的交互操作，如将材质指定给对象、显示贴图应用等。下面将对水平工具栏中的选项进行介绍。

- 获取材质◙：单击该按钮可以打开"材质/贴图浏览器"对话框。
- 将材质放入场景◙：可以在编辑材质之后更新场景中的材质。
- 将材质指定给选择对象◙：可以将活动示例窗中的材质应用于场景中当前选定的对象。
- 重置贴图/材质为默认设置◙：用于清除当前活动示例窗中的材质，使其恢复到默认状态。
- 复制材质◙：通过复制自身的材质生成材质副本。
- 使惟一◙：可以使贴图实例成为惟一的副本，还可以使一个实例化的材质成为惟一的独立子材质，可以为该子材质提供一个新的材质名。
- 放入库◙：可以将选定的材质添加到当前库中，如下左图所示。
- 材质ID通道◙：按住该按钮可以打开材质ID通道工具栏，如下右图所示。可以从中选择相应的材质ID指定给相应的材质，该功能可以被Video Post过滤器用来控制后期处理的位置。

- 在视口中显示明暗处理材质◙：可以使贴图在视图中的对象表面显示。
- 显示最终效果◙：可以查看所处级别的材质，而不查看所有其他贴图和设置的最终结果。
- 转到父对象◙：可以在当前材质中向上移动一个层级。

- 转到下一个同级项 : 将移动到当前材质中相同层级的下一个贴图或材质。
- 从对象拾取材质 : 可以在场景中的对象上拾取材质。

知识链接 **移除材质的注意事项**

移除材质颜色并设置灰色阴影，将光泽度、不透明度等重置为其默认值。移除指定材质的贴图，如果处于贴图级别，该按钮重置贴图为默认值。

1.2.2 菜单栏

材质编辑器菜单栏位于材质编辑器窗口的顶部，包括模式、材质、导航、选项、实用程序5个菜单，它提供了另一种调用各种材质编辑器工具的方式。

1. "模式"菜单

该菜单允许选择将哪个材质编辑器界面置于活动状态，如右图所示。

- 精简材质编辑器：用于显示精简界面。
- Slate材质编辑器：用于显示Slate界面。

知识链接 **Slate材质编辑器**

Slate材质编辑器是一个材质编辑器界面，它在设计和编辑材质时使用节点和关联以图形方式显示材质的结构，是精简材质编辑器的替代项，如右图所示。

Slate材质编辑器最突出的特点包括：材质/贴图浏览器，可以在其中浏览材质、贴图、基础材质及贴图类型；当前活动视图，可以在其中组合材质与贴图；参数编辑器，可以在其中更改材质和贴图设置。

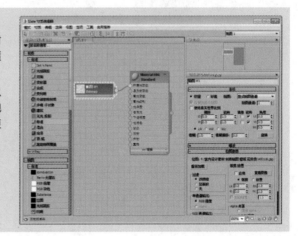

2. "材质"菜单

该菜单提供了最常用的材质编辑器工具，如右图所示。

- 获取材质：等同于"获取材质"按钮。
- 从对象选取：等同于"从对象拾取"按钮。
- 按材质选择：等同于"按材质选择"按钮。
- 在ATS对话框中高亮显示资源：如果活动材质使用的是已追踪的资源的贴图，则打开"资源追踪"对话框，同时资源高亮显示。
- 指定给当前选择：等同于"将材质指定给选定对象"按钮。
- 放置到场景：等同于"输出到场景"按钮。
- 放置到库：等同于"放入库"按钮。
- 更改材质/贴图类型：等同于"材质/贴图类型"按钮。
- 生成材质副本：等同于"生成材质副本"按钮。
- 启动放大窗口：等同于双击活动的示例窗或选择右键快捷菜单上的"放大"命令。
- 另存为.FX文件：将材质另存为FX文件。

- 生成预览：等同于从"生成/播放/保存预览"弹出按钮中选择"生成预览"。
- 查看预览：等同于从"生成/播放/保存预览"弹出按钮中选择"播放预览"。
- 保存预览：等同于从"生成/播放/保存预览"弹出按钮中选择"保存预览"。
- 显示最终结果：等同于"显示最终结果"按钮。
- 视口中的材质显示为：打开一个子菜单，等同于"明暗处理视口标签"菜单上的"材质"子菜单。
- 重置示例窗旋转：使活动的示例窗对象回到其默认。
- 更新活动材质：如果启用"仅更新活动示例"设置，则选择此选项可更新其示例窗中的活动材质。

3. "导航" 菜单

该菜单提供导航材质的层次的工具，如右图所示。

- 转到父对象：等同于"转到父对象"按钮。
- 前进到同级：前进到同一级别。
- 后退到同级：后退到同一级别。

4. "选项" 菜单

该菜单提供了一些附加的工具和显示选项，如右图所示。

- 将材质传播到实例：启用此选项时，后续指定的材质将传播到场景中对象的所有实例，包括导入的AutoCAD块和基于ADT样式的对象，这些都是DRF文件中常见的对象类型。指定还会传播到用户在当前场景中制作的Revit对象的实例以及其他实例。
- 手动更新切换：等同于"材质编辑器选项"对话框中的"手动更新"切换。
- 复制/旋转 拖动模式切换：等同于在示例窗右键菜单中选择"拖动/复制"或"拖动/旋转"命令。
- 背景：等同于"背景"按钮。
- 自定义背景切换：如果已使用"材质编辑器选项"对话框指定了自定义背景，此选项会切换显示。
- 背光：等同于"背光"按钮。
- 循环3×2、5×3、6×4示例窗：在示例窗右键菜单中的同级选项之间循环切换。
- 选项：可打开"材质编辑器选项"对话框。

5. "实用程序" 菜单

该菜单提供贴图渲染和按材质选择对象的相关选项，如右图所示。

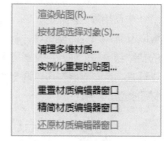

- 渲染贴图：等同于在示例窗右键菜单中选择"渲染贴图"命令。
- 按材质选择对象：等同于单击"按材质选择"按钮。
- 清理多维材质：打开"清理多维材质"实用程序。
- 实例化重复的贴图：打开"实例化重复的贴图"实用程序。
- 重置材质编辑器窗口：用默认的材质类型替换材质编辑器中的所有材质。此操作不可撤销，但可以用"还原材质编辑器窗口"命令还原材质编辑器以前的状态。
- 精简材质编辑器窗口：将材质编辑器中所有未使用的材质设置为默认类型，只保留场景中的材质，并将这些材质移动到编辑器的第一个示例窗中。此操作不可撤销，但可以用"还原材质编辑器窗口"命令还原材质编辑器以前的状态。
- 还原材质编辑器窗口：当使用前两个命令之一时，3ds Max会将材质编辑器的当前状态保存在缓冲区中，使用该命令可以利用缓冲区的内容还原编辑器的状态。

1.2.3 材质示例窗

使用示例窗可以保持和预览材质与贴图，每个窗口可以预览单个材质或贴图。可以将材质从示例窗拖动到视口中的对象上，从而将材质赋予场景对象。

示例窗中样本材质的状态主要有3种。其中，实心三角形表示已应用于场景对象且该对象被选中，空心三角形则表示应用于场景对象但对象未被选中，无三角形表示未被应用的材质，如右图所示。

材质编辑器有24个示例窗。可以一次查看所有示例窗，或一次6个（默认），或一次15个。当一次查看的窗口少于24个时，使用滚动条可以在它们之间移动，下图所示为3×2和6×4示例窗的对比效果。

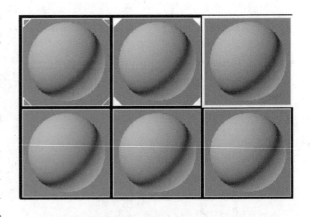

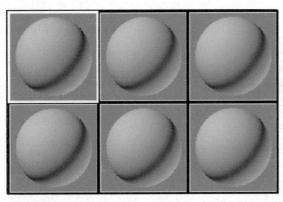 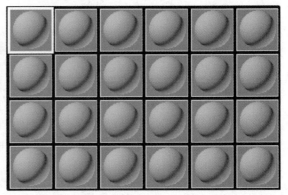

> **知识链接** ▶ **编辑材质的方法**
>
> 虽然"精简材质编辑器"可以一次编辑至多24种材质，但场景可包含无限数量的材质。如果要编辑一种材质，并已将其应用于场景中的对象，则可以使用该示例窗从场景中获取其他材质（或创建新材质），然后对其进行编辑。

1.2.4 参数卷展栏

在示例窗的下方是材质参数卷展栏，这是在3ds Max中使用最为频繁的区域，包括明暗模式、着色设置以及基本属性的设置等，不同的材质类型具有不同的参数卷展栏。在各种贴图层级中，也会出现相应的卷展栏，这些卷展栏可以调整顺序，右图所示为标准材质类型的卷展栏。

+	明暗器基本参数
+	Blinn 基本参数
+	扩展参数
+	超级采样
+	贴图
+	mental ray 连接

进阶案例 **工具栏的应用**

下面介绍材质编辑器中工具栏的操作，通过这些按钮，用户可快速设置材质的相关命令，以提高工作效率。

01 在"材质编辑器"中选择一个空白样本材质球，然后为"漫反射"选项指定"平铺"程序贴图，如下图所示。

02 按住"采样类型"按钮不放，在弹出的面板中单击柱体按钮，示例窗中的样本材质球将显示为柱体，如下图所示。

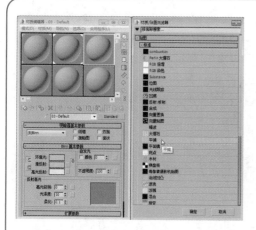

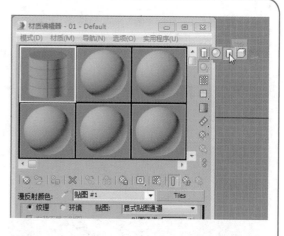

03 如果选择方形的"采样类型"按钮，样本材质球也会相应变为方形，如下图所示。

04 单击处于激活状态的"背光"按钮，示例窗中的样本材质将不显示背光效果，如下图所示。

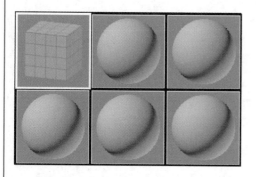

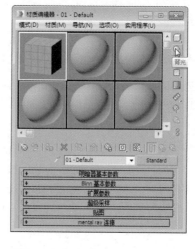

05 如果材质的"不透明度"参数值小于100，单击"背景"按钮，可透过样本材质查看到示例窗中的背景，如下图所示。

06 在垂直工具栏中单击"采样UV平铺"的2×2按钮，贴图将平铺两次，如下图所示。

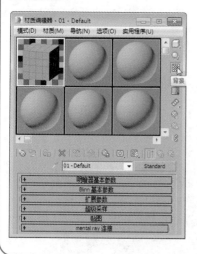

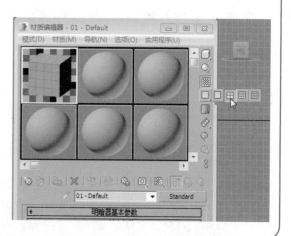

07 如果单击"采样UV平铺"的4×4按钮，贴图将平铺4次，如下图所示。

08 在垂直工具栏中单击"材质/贴图导航器"按钮，可打开相应的窗口，其中显示当前选择样本材质的层级，效果如下图所示。

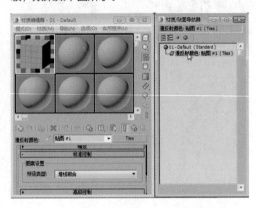

1.3 默认材质的基本参数

材质在很多方面的设置都是有共性的，在基于这些共同特点的同时，各种不同的材质又具备不同的特点，材质的设置也是根据这一特点来安排的。首先学习的是材质的基本属性，也就是材质设置的共性。

1.3.1 漫反射

在3ds Max中漫反射会影响材质本身的颜色。按下快捷键M打开材质编辑器，其中"Blinn基本参数"卷展栏中的左下方为设置漫反射的选项区域，如右图所示。

知识链接 解除锁定

在默认的情况下，材质的环境光颜色和漫反射颜色是锁定在一起的，单击色块右侧的按钮可以解除锁定。

单击漫反射选项旁边的色块会开启下左图所示的颜色选择器，从中可以设置漫反射的颜色；在改变漫反射颜色的同时，材质编辑器中的材质球颜色也会随之改变，如下右图所示。

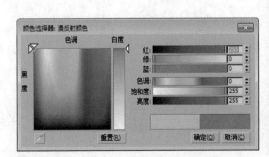

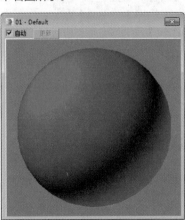

1.3.2 反射高光

反射高光就是材质球上的亮点，在"Blinn基本参数"卷展栏的"反射高光"选项组中可以对材质的高光属性进行设置，如下图所示。

1. 高光级别

"高光级别"参数用来控制高光的强度，默认为0，表示没有高光，参数越高高光效果越强烈。如下左图所示，当该参数为0时，没有高光效果。将该参数设置为70，效果如下右图所示，此时材质球表面产生了强烈的高光效果。

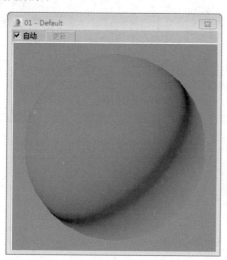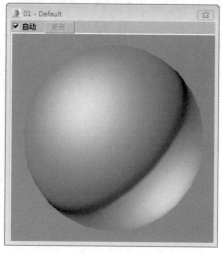

2. 光泽度

"光泽度"参数用来控制高光的范围大小，较大的参数可以产生大范围的高光效果，但此时的高光点较少，该参数可以在0～100之间进行变换。下左图所示为光泽度为8时的高光效果。下右图所示为光泽度为50时的高光效果，可看到此时高光范围变大，高光点变小。

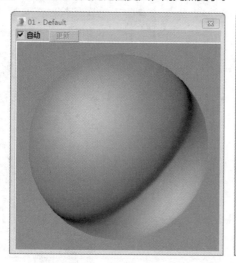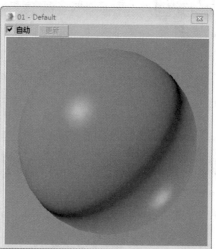

3. 柔化

"柔化"参数用来控制高光区域之间的过渡情况，它可以在0～1之间变化，参数值越大过渡越平滑。如下左图所示，当该值为0时表现为十分尖锐的过渡；如下右图所示，当该值为1时表现为平滑的过渡。

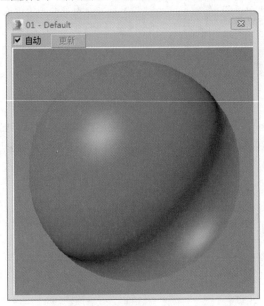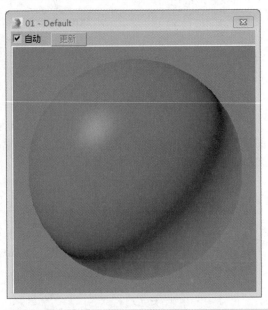

知识链接 ▶ 调整高光参数

对高光参数进行调节时，可以在参数右侧的高光图中观察到曲线的变化情况。降低光泽度，曲线将变宽；增加高光级别，曲线将会变高。

1.3.3 不透明度

在"Blinn基本参数"卷展栏下可以对材质的不透明度进行修改，该数值可在0～100之间变化，0表示全透明，100表示不透明。在使用透明材质时通常配合背景图案使用，以便于观察透明效果。下左图所示为不透明度为80时的材质球效果，下右图所示为不透明度为30时的材质球效果。

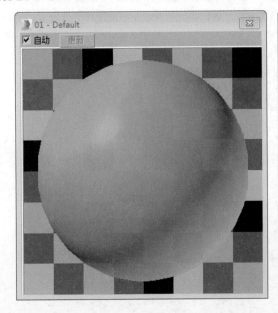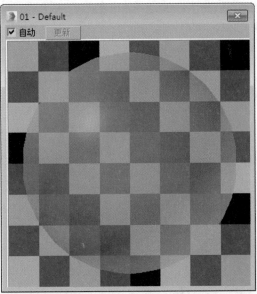

课后练习

一、选择题

1. 下列选项中关于材质编辑器的描述不正确的是（　　）。

　A. 材质编辑器是一个独立的窗口

　B. 用户通过材质编辑器可以将材质赋予3ds Max的场景对象

　C. 用户可以通过单击"渲染"菜单中的命令打开材质编辑器

　D. 使用示例窗可以预览材质和贴图，每个窗口可以预览多个材质或贴图

2. 下列（　　）选项不属于垂直工具栏中的选项。

　A. 采样类型　　　　　　　　　B. 背光

　C. 将材质放入场景　　　　　　D. 背景

3. 下列选项中，不属于材质编辑器菜单栏中菜单项的是（　　）。

　A. 模式　　　　　　　　　　　B. 材质

　C. 导航　　　　　　　　　　　D. 程序

4. 关于示例窗的描述正确的是（　　）。

　A. 使用示例窗仅可以预览材质

　B. 实心三角形表示该材质已应用于场景对象但对象未被选中

　C. 空心三角形表示该材质已应用于场景对象且该对象被选中

　D. 无三角形表示未被应用的材质

二、填空题

1. 材质最主要的属性是漫反射颜色、_____、_____。

2. 材质编辑器分为菜单栏、_____、工具栏以及_____4个部分。

3. 在3ds Max中，_____会影响材质本身的颜色。

4. 在"Blinn基本参数"卷展栏下可以对材质的不透明度进行修改，该数值可在0～100之间变化，0表示___，100表示_____。

三、操作题

在3ds Max中，材质的设计制作是通过右图所示的"材质编辑器"来完成的，在材质编辑器中，可以为对象选择不同的着色类型和不同的材质组件，还能使用贴图来增强材质，并通过灯光和环境使材质产生更逼真自然的效果。因此熟悉并掌握材质编辑器至关重要。打开3ds Max软件，练习并使用材质编辑器中的各类工具。

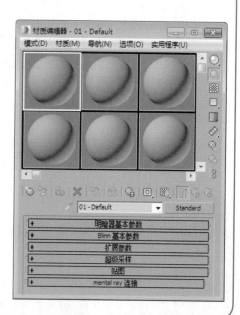

Chapter

02

材质基础知识

材质是指物体表面的质地、质感。材质有很多属性特征，常见的有颜色、纹理、光滑度、透明度、反射/折射、发光度、凹凸等。正是因为物体有了这些属性特征，才会展现出不一样的视觉效果。譬如五彩缤纷、珠圆玉润、油光可鉴等词语都是对材质的描述。本章将带领大家了解3ds Max中材质的种类以及参数的含义。

知识要点

① 3ds Max材质类型
② VRay材质类型

上机安排

学习内容	学习时间
● 3ds Max标准材质	60分钟
● VRay材质	30分钟

2.1 3ds Max材质

3ds Max 2016共提供了15种材质类型，分别是Ink'n Paint、光线跟踪、双面、变形器、合成、壳材质、外部参照材质、多维/子对象、建筑、无光/投影、标准、混合、虫漆、顶/底和高级照明覆盖，如下图所示。每一种材质都具有相应的功能，如默认的标准材质可以表现大多数真实世界中的材质，或适合表现金属和玻璃的光线跟踪材质等。

- Ink' n Paint：通常用于制作卡通效果。
- 光线跟踪：可创建真实的反射和折射效果，支持雾、颜色浓度、半透明和荧光灯效果。
- 双面：可以为物体内外或正反表面分别指定两种不同的材质，如纸牌和杯子等。
- 变形器：配合"变形器"修改器一起使用，能产生材质融合的变形动画效果。
- 合成：可将多个不同材质叠加在一起，常用来制作动物和人体皮肤、生锈的金属、岩石等材质。
- 壳材质：配合"渲染到贴图"一起使用，可将"渲染到贴图"命令产生的贴图贴回物体。
- 外部参照材质：可以使用在另一个场景文件中应用于对象的材质。
- 多维/子对象：将多个子材质应用到单个对象的子对象。
- 建筑：主要用于表现建筑外观的材质。
- 无光/投影：主要作用是隐藏场景中的物体，渲染时也观察不到，不会对背景进行遮挡，但可以遮挡其他物体，并且能产生自身投影和接收投影的效果。
- 标准：系统默认的材质，是最常用的材质。
- 混合：将两个不同的材质融合在一起，根据融合度的不同来控制两种材质的显示程度。

2.1.1 标准材质

标准材质是最常用的材质类型，可以模拟表面单一的颜色，为表面建模提供非常直观的方式。使用标准材质时可以选择各种明暗器，为各种反射表面设置颜色以及使用贴图通道等，这些设置都可以在参数面板的卷展栏中进行，如右图所示。

1. 明暗器

明暗器主要用于标准材质，可以选择不同的着色类型，以影响材质的显示方式，在"明暗器基本参数"卷展栏中可进行相关设置。

- 各向异性：该类型的各向异性测量应从两个垂直方向观看大小不同的高光之间的区别。当各向异性为0时，高光呈圆形显示；当各向异性为100时，高光呈线性显示，并由光泽度单独控制线性的长度。
- Blinn：使用该着色类型会创建带有一些发光度的平滑曲面，与Phong明暗器具有相同的功能，但它在数学上更精确，是标准材质的默认明暗器。
- 金属：提供效果逼真的金属表面，以及各种看上去像有机体的材质。由于没有单独的反射高光，该着色类型的高光颜色可以在材质的漫反射颜色和灯光颜色之间变化。
- 多层：通过层级两个各向异性高光，创建比各向异性更复杂的高光效果。
- Oren-Nayar-Blinn：类似Blinn，会产生平滑的无光曲面，如模拟织物或陶瓦。
- Phong：与Blinn类似，能产生带有发光效果的平滑曲面，但不处理高光。

- Strauss：主要用于模拟非金属和金属曲面。
- 半透明明暗器：类似于Blinn明暗器，但是其还可用于指定半透明度，光线将在穿过材质时散射，可以使用半透明明暗器来模拟被霜覆盖的和被侵蚀的玻璃。

2. 颜色

在真实世界中，对象的表面通常反射许多颜色，标准材质也使用4色模型来模拟这种现象，主要包括环境色、漫反射颜色、高光颜色和过滤颜色。

- 环境光：环境光颜色是对象在阴影中的颜色。
- 漫反射：漫反射是对象在直接光照条件下的颜色。
- 高光：高光是发亮部分的颜色。
- 过滤：过滤是光线透过对象所透射的颜色。

3. 扩展参数

在"扩展参数"卷展栏中提供了与透明度和反射相关的参数，通过该卷展栏可以制作更具有真实效果的透明材质，右上图所示为该卷展栏的相关参数。

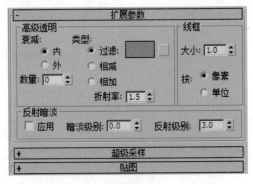

- 高级透明：该选项组中提供的控件影响透明材质的不透明度衰减等效果。
- 反射暗淡：该选项组提供的参数可使阴影中的反射贴图显得暗淡。
- 线框：该选项组中的参数用于控制线框的单位和大小。

4. 贴图通道

在"贴图"卷展栏中，可以访问材质的各个组件，部分组件还能使用贴图代替原有的颜色，如右下图所示。

5. 其他

"标准"材质还可以通过高光控件组控制表面接收高光的强度和范围，也可以通过其他选项组制作特殊的效果，如线框等。

知识链接 ▶ **更改材质着色类型时的注意事项**

更改材质的着色类型时，会丢失新明暗器不支持的任何参数设置（包括指定贴图）。如果要使用相同的常规参数对材质的不同明暗器进行试验，则需要在更改材质的着色类型之前将其复制到不同的材质球。采用这种方式时，如果新明暗器不能提供所需的效果，则仍然可以使用原始材质。

2.1.2 Ink' n Paint材质

Ink' n Paint材质可以模拟卡通的材质效果，其参数面板如下页右上图所示。

- 亮区/暗区/高光：用来调节材质的亮区/暗区/高光区域的颜色，可以在后面的贴图通道中加载贴图。
- 绘制级别：用来调整颜色的色阶。
- 墨水：控制是否开启描边效果。
- 墨水质量：控制边缘形状和采样值。
- 墨水宽度：设置描边的宽度。
- 最小值/最大值：设置墨水宽度的最小/最大像素值。

- 可变宽值：勾选该选项后可以使描边的宽度在最大值和最小值之间变化。
- 钳制：勾选该选项后可以使描边宽度的变化范围限制在最大值与最小值之间。
- 轮廓：勾选该选项后可以使物体外侧产生轮廓线。
- 重叠：当物体与自身的一部分相交叠时使用。
- 延伸重叠：与重叠类似，但多用在较远的表面上。
- 小组：用于勾画物体表面光滑组部分的边缘。
- 材质ID：用于勾画不同材质ID之间的边界。

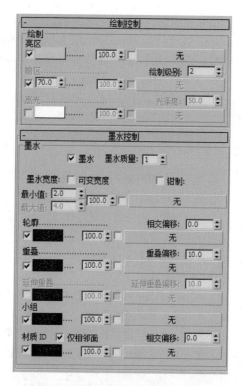

2.1.3 光线跟踪材质

光线跟踪材质是一种高级的曲面明暗处理材质。它与标准材质一样，能够支持漫反射表面的明暗处理，还可以创建完全光线跟踪的反射和折射，还支持雾、颜色密度、半透明、荧光以及其他特殊效果。其参数设置面板如右下图所示。

- "光线跟踪基本参数"卷展栏：该卷展栏控制材质的明暗处理、颜色组件、反射、折射以及凹凸。此卷展栏中的基本参数与标准材质的基本参数相似，但光线跟踪材质的颜色组件具有不同作用。与标准材质一样，可以为光线跟踪颜色分量和各种其他参数使用贴图。色样和参数右侧的小按钮用于打开材质/贴图浏览器。
- "扩展参数"卷展栏：该卷展栏用于控制材质的特殊效果、透明度属性以及高级反射率。
- "光线跟踪器控制"卷展栏：该卷展栏影响光线跟踪器自身的操作，能够提高渲染性能。

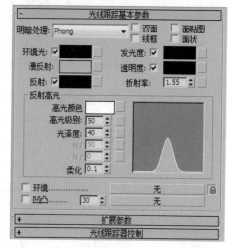

2.1.4 双面材质

双面材质可以向对象的前面和后面分别指定两个不同的材质，其参数卷展栏如下页右上图所示。该卷展栏中各选项的含义介绍如下。

- 半透明：设置一个材质通过其他材质显示的数量，设置为100%时，可以在内部面上显示外部材质，在外部面上显示内部材质。当设置为中间值时，内部材质指定的百分比将下降，并显示在外部面上。
- 正面材质/背面材质：单击此选项后的按钮可以显示材质/贴图浏览器并选择一面或另一面使用的材质。

2.1.5 变形器材质

变形器材质与变形修改器相辅相成，它可以用来模拟人物脸颊的红晕效果和额头的褶皱效果。变形器材质可以以变形几何体的方式来混合材质。变形器材质有100个材质通道，可以在100个通道上直接绘图，其参数设置面板如右中图所示。

- 选择变形对象：单击该按钮，然后在视口中选中一个应用变形修改器的对象。
- 名称字段：显示应用变形器材质的对象的名称。
- 刷新：更新通道数据。
- 标记列表：显示在变形修改器中所保存的标记。
- 基础材质按钮：单击该按钮可为对象指定一个基础材质。
- 通道材质设置：可用的100个材质通道。
- 材质开关切换：启用或禁用通道。禁用的通道不影响变形的效果。
- 始终：选择此单选按钮后，始终计算材质的变形结果。
- 渲染时：选择此单选按钮后，在渲染时对材质的变形结果进行计算。
- 从不计算：选择此单选按钮后，可绕过材质混合。

2.1.6 合成材质

合成材质最多可以合成10种材质，按照在卷展栏中列出的顺序从上到下叠加材质。它可通过增加不透明度、相减不透明度来组合材质，或使用数量值来混合材质，右下图所示为合成材质的参数设置卷展栏。其中，各选项的含义介绍如下。

- 基础材质：指定基础材质，其他材质将按照从上到下的顺序，通过叠加在此材质上合成的效果。
- 材质1~材质9：包含用于合成材质的控件。
- A：激活该按钮，该材质使用增加的不透明度，材质中的颜色基于其不透明度进行汇总。
- S：激活该按钮，该材质使用相减不透明度，材质中的颜色基于其不透明度进行相减。
- M：激活该按钮，该材质基于数量混合材质，颜色和不透明度将按照使用无遮罩混合材质时的样式进行混合。
- 数量微调器：用于控制混合的数量，默认设置为100.0。

知识链接 ▶ **使用合成材质时的注意事项**

如果将一个子材质的明暗处理设置为"线框"，此时会显示整个材质，并渲染为线框材质。如果可以通过合并贴图达到所需的合成结果，需要使用合成贴图。合成贴图更为新式，可提供比合成材质更强的控制功能。

2.1.7 壳材质

壳材质经常用于纹理烘焙。其参数设置面板如右上图所示。

- 原始材质：显示原始材质的名称。单击该按钮可查看材质并调整设置。
- 烘焙材质：显示烘焙材质的名称。
- 视口：使用该选项可以选择在明暗处理视口中出现的材质。
- 渲染：使用该选项可以选择在渲染中出现的材质。

2.1.8 外部参照材质

通过外部参照材质，用户可以使用在另一个场景文件中应用于对象的材质。其参数设置面板如右中图所示，用户可以使用"覆盖材质"卷展栏为局部材质指定外部参照对象。

- "覆盖材质"卷展栏：用户可以选择一个本地材质以在外部参照对象上使用。
- "参数"卷展栏：将外部参照材质与外部参照记录和实体同步。

2.1.9 多维/子对象材质

多维/子对象材质可以将多个子材质按照相对应的ID号分配给一个对象，使对象的各个表面显示出不同的材质效果。其参数面板如右下图所示。

- 数量：此字段显示包含在多维/子对象材质中的子材质的数量。
- 设置数量：设置构成材质的子材质的数量。
- 添加：单击可将新子材质添加到列表中。
- 删除：可从列表中移除当前选中的子材质。
- ID：单击按钮将列表排序，其顺序开始于最低材质ID的子材质，结束于最高材质ID。
- 名称：单击此按钮将通过输入到"名称"列的名称排序。
- 子材质：单击此按钮将通过显示于"子材质"按钮上的子材质名称排序。

知识链接 多维/子对象材质的应用

如果该对象是可编辑网格，可以拖放材质到面的不同的选中部分，并随时构建一个多维/子对象材质。

2.1.10 建筑材质

建筑材质多用于建筑设计中，可以提供非常逼真的效果。建筑材质可以与光度学灯光和光能传递一起使用。其主要参数设置面板如下左图所示，在"模板"下拉列表中提供了24种材质模板，用户可以根据自身需要选择一个模板进行编辑，如下右图所示。

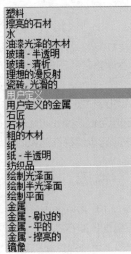

- 漫反射颜色：控制漫反射颜色。漫反射颜色即该材质在灯光直射时的颜色。
- 反光度：设置材质的反光度。该值是一个百分比值。
- 透明度：控制材质的透明度。
- 折射率：控制几个材质对透过的光的折射程度和该材质显示的反光程度。
- 亮度cd/m^2：当亮度大于0.0时，材质显示光晕效果。
- ⟍ 由灯光设置亮度：利用场景中的灯光获取材质的亮度。
- 双面：启用后，材质正面和背面都具有设置好的物理属性。
- 粗糙漫反射纹理：启用后，将从照明和曝光控制中排除材质。
- 凹凸：为材质添加凹凸贴图，并设置凹凸贴图的强度。
- 置换：为材质添加置换贴图，并设置置换贴图的强度。
- 强度：为材质添加强度贴图，用于调整材质的亮度。
- 裁切：为材质指定裁切贴图。

知识链接 ▶ 材质的选择技巧

使用mental ray渲染器进行渲染时，建议使用Arch&Design材质，而不要使用建筑材质。该材质专门为mental ray渲染器设计，并且能够提供更高的灵活性、更佳的渲染特性以及更快的速度。

2.1.11 无光/投影材质

使用无光/投影材质可将整个对象转换为显示当前背景色或环境贴图的无光对象，其参数设置面板如右图所示。

- 不透明Alpha：确定无光材质是否显示在Alpha通道中。
- 应用大气：启用或禁用隐藏对象的雾效果。
- 接收阴影：渲染无光曲面上的阴影。
- 影响Alpha：启用此选项后，将投射于无光材质上的阴影应用于Alpha通道。
- 阴影亮度：设置阴影的亮度。
- 数量：控制要使用的反射数量。
- 贴图：单击以指定反射贴图。

2.1.12 混合材质

混合材质可以在曲面的单个面上将两种材质进行混合，并且可以通过混合量来控制两种材质的混合比例。右图所示为混合材质的参数卷展栏，单击每一个材质后的按钮就可以对该材质进行编辑。

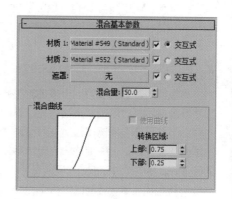

- 材质1/材质2：可在其后面的材质通道中对两种材质进行分别设置。
- 遮罩：选择一张贴图作为遮罩，利用贴图的灰度值决定材质1和材质2的混合效果。
- 混合量：控制两种材质的混合百分比。
- 交互式：用来选择哪种材质在视图中以实体着色方式显示在物体的表面。
- 混合曲线：对遮罩贴图中的黑白色过渡区进行调节。
- 使用曲线：控制是否使用"混合曲线"来调节混合效果。
- 上部/下部：用于调节"混合曲线"的上部/下部。

知识链接 ▶ 混合量的设置

在设置混合比例的时候，如果已经勾选了"遮罩"复选框并添加了遮罩贴图，那么"混合量"比例设置对材质的混合效果没有任何影响。

知识链接 ▶ 混合材质应用注意事项

在混合材质中，如果将任意一个子材质设置为线框效果，整个材质将会以线框形式显示，在渲染的时候也以线框的形式渲染。

2.1.13 虫漆材质

虫漆材质通过叠加将两种材质混合。叠加材质中的颜色成为虫漆材质，被添加到基础材质的颜色中。其参数设置面板如右图所示。

- 基础材质：单击可以选择或编辑基础子材质。
- 虫漆材质：单击可选择或编辑虫漆材质。默认情况下，虫漆材质是带有Blinn明暗处理的标准材质。
- 虫漆颜色混合：控制颜色混合的量。数值为0时，虫漆材质没有效果。

2.1.14 顶/底材质

使用顶/底材质可以为对象的顶部和底部指定两个不同的材质，并允许将两种材质混合在一起，得到类似"双面"材质的效果。顶/底材质参数提供了访问子材质、混合、坐标等参数，其参数卷展栏如右图所示。

参数卷展栏中各选项的含义介绍如下。

- 顶材质：可单击"顶材质"后的按钮，显示顶材质的命令和类型。
- 底材质：可单击"底材质"后的按钮，显示底材质的命令和类型。

- 坐标：用于控制对象如何确定顶和底的边界。
- 混合：用于混合顶子材质和底子材质之间的边缘。
- 位置：用于确定两种材质在对象上划分的位置。

2.1.15 高级照明覆盖材质

高级照明覆盖材质可以直接控制材质的光能传递属性，高级照明覆盖材质是对基础材质的补充，基础材质可以是任何可渲染的材质，并且高级照明覆盖材质对普通渲染没有影响。其主要用途是调整在光能传递方案或者光跟踪中使用的材质以及产生特殊的效果。其参数设置面板如右图所示。

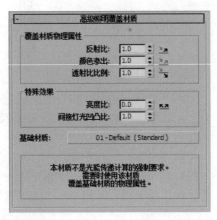

- 反射比：增大或降低材质反射的能量值。
- 颜色渗出：增加或减少反射颜色的饱和度。
- 透射比比例：增大或降低材质透射的能量值。
- 亮度比：参数大于0时，会缩放基础材质的自发光组件。使用该参数以便自发光对象在光能传递或光跟踪解决方案中起作用。该参数不能小于0。
- 间接灯光凹凸比：在间接照明的区域中，缩放基础材质的凹凸贴图效果。
- 基础材质：单击该按钮，可以转到基础材质设置面板。

进阶案例 **利用建筑材质制作茶具材质**

3ds Max的建筑材质可以制作出多种材质效果，本小节中将利用建筑材质来制作茶具材质效果，操作步骤如下。

01 打开素材文件，观察场景，如下图所示。

02 按M键打开材质编辑器，选择一个空白材质球，将其设置为建筑材质，参数面板如下图所示。

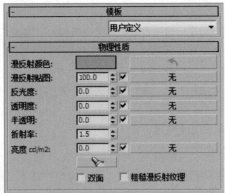

03 设置模板为"瓷砖，光滑的"，再设置"物理性质"卷展栏中的参数，其中漫反射颜色设置为白色，如下图所示。

04 将设置好的材质指定给场景中的杯盘模型，如下图所示。

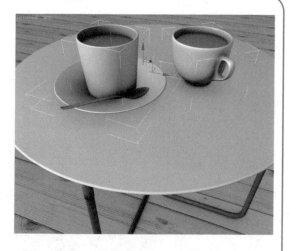

05 选择一个空白材质球，设置为建筑材质，然后设置模板为"水"，设置"物理性质"卷展栏中的参数，如下图所示。

06 漫反射颜色设置如下图所示。

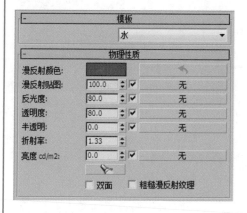

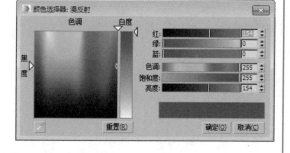

07 将创建好的材质指定给茶杯中的水模型，如下图所示。

08 选择一个空白材质球，设置为建筑材质，选择模板为"金属-擦亮的"，设置"物理性质"卷展栏中的参数，其中漫反射颜色设为白色，如下图所示。

09 将创建好的金属材质指定给场景中的汤匙模型，如下图所示。

10 渲染摄影机视口，最终效果如下图所示。

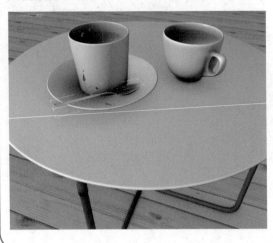
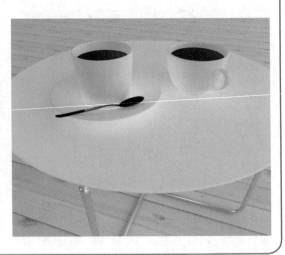

2.2 VRay材质

　　VRay材质是3ds Max中应用最为广泛的材质类型，其功能非常强大，参数比较简单。VRay材质最擅长用来制作带有反射或折射的材质，表现效果细腻真实，具有其他材质难以达到的效果，因此学好VRay材质的知识是很有必要的。

知识链接　使用VRay材质的先决条件
只有在选择了VRay渲染器后，才能在材质/贴图浏览器中查看到VRay渲染器所提供的材质类型。

2.2.1 VRayMtl材质

　　VRayMtl材质是VRay渲染器的标准材质，基本上大部分的材质效果都可以用这种材质类型来完成，反射和折射是该材质的两个比较重要的属性。VRayMtl材质的"基本参数"卷展栏如下图所示。

1. 漫反射

- 漫反射：控制材质的固有色。
- 粗糙度：数值越大，粗糙效果越明显，可以用该选项来模拟绒布的效果。

2. 反射

- 反射：反射颜色控制反射强度，颜色越深反射越弱，颜色越浅反射越强。
- 高光光泽度：控制材质的高光大小，默认情况下和反射光泽度一起关联控制，可以通过单击旁边的L按钮来解除锁定，从而可以单独调整高光的大小。
- 反射光泽度：该选项可以产生反射模糊的效果，数值越小反射模糊效果越强烈。
- 细分：用来控制反射的品质，数值越大效果越好，但渲染速度越慢。
- 使用插值：当勾选该参数时，VRay能够使用类似于发光贴图的缓存方式来加快反射模糊的计算。
- 暗淡距离：该选项用来控制暗淡距离的数值。
- 影响通道：该选项用来控制是否影响通道。

- 菲涅耳反射：勾选该项后，反射强度减小。
- 菲涅耳折射率：在菲涅耳反射中，菲涅耳现象的强弱衰减率可以用该选项来调节。
- 最大深度：是指反射的次数，数值越高效果越真实，但渲染时间也越长。
- 退出颜色：当物体的反射次数达到最大次数时就会停止计算反射，这时反射次数不够的区域的颜色就用退出颜色来代替。
- 暗淡衰减：该选项用来控制暗淡衰减的数值。

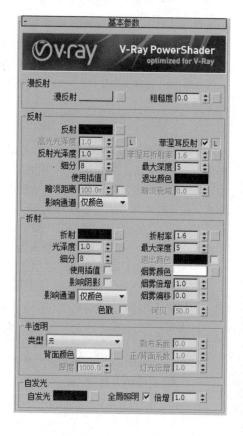

> **知识链接** ▶ 高光光泽度的设置
>
> 默认状态下，VRayMtl材质的高光光泽度处于不可编辑状态，当单击L按钮后，才可以解除锁定来对该参数进行设置。

3. 折射

- 折射：折射颜色控制折射的强度，颜色越深折射越弱，颜色越浅折射越强。
- 光泽度：控制折射的模糊效果。数值越小，模糊程度越明显。
- 细分：控制折射的精细程度。
- 使用插值：当勾选该选项时，VRay能够使用类似发光贴图的缓存方式来加快光泽度的计算。
- 影响阴影：该选项用来控制透明物体产生的阴影。
- 影响通道：该选项用于控制是否影响通道效果。
- 色散：该选项用于控制是否使用色散。
- 折射率：设置物体的折射率。
- 最大深度：该选项用于控制反射的最大深度数值。
- 退出颜色：该选项用于控制折射次数不够时替换的颜色。
- 烟雾颜色：该选项用于控制折射物体的颜色。
- 烟雾倍增：可以理解为烟雾的浓度。数值越大雾越浓，光线穿透物体的能力越差。
- 烟雾偏移：控制烟雾的偏移，较低的值会使烟雾向摄影机的方向偏移。

> **知识链接** ▶ 折射选项的设置
>
> "折射"选项组中的"最大深度"用来控制反射的最大次数，次数越多反射越彻底，但是会增长渲染时间，通常保持默认的5就可以了。"退出颜色"在"反射"选项组和"折射"选项组中都存在，当反射和折射次数达到最大值时就会停止计算，这时计算次数不够的区域就会用该颜色来代替。

4. 半透明

- 类型：半透明效果的类型有三种，包括"硬（蜡）模型"、"软（水）模型"和"混合模型"。
- 背面颜色：用来控制半透明效果的颜色。
- 厚度：用来控制光线在物体内部被追踪的深度，也可理解为光线的最大穿透能力。
- 散布系数：物体内部的散射总量。
- 正/背面系数：控制光线在物体内部的散射方向。
- 灯光倍增：设置光线穿透能力的倍增值。值越大，散射效果越强。

5. 自发光

- 自发光：该选项用于控制自发光的颜色。
- 全局照明：该选项用于控制是否开启全局照明。
- 倍增：该选项用于控制自发光的强度。

2.2.2 VR-材质包裹器

　　VR-材质包裹器其实就是给VRay标准材质附加了可以控制的间接光照属性，这样用户可以根据需要对场景中的个别对象进行明暗的调节。右图所示为VR-材质包裹器的参数设置卷展栏。在常规的情况下，场景中的所有对象都处于相同的光照强度下，所以它们的明暗也都基本一致。

- 基本材质：用来设置材质包裹器中使用的基础材质参数，此材质必须是VRay渲染器支持的材质类型。
- 附加曲面属性：这里的参数主要用来控制赋有材质包裹器物体的接收、生成全局照明属性以及接收、生成焦散属性。
- 无光属性：目前VRay还没有独立的"不可见/阴影"材质，但是VR-材质包裹器里的这个选项组参数可以模拟"不可见/阴影"材质效果。
- 杂项：用来设置全局照明曲面的ID。

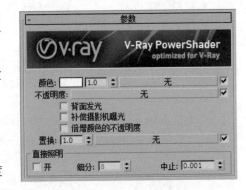

2.2.3 VR-灯光材质

　　VR-灯光材质可以模拟物体发光发亮的效果，并且这种自发光效果可以对场景中的物体也产生影响，常用来制作顶棚灯带、霓虹灯、火焰等材质。其参数设置面板如右图所示。

- 颜色：控制自发光的颜色，后面的输入框用来设置自发光的强度。
- 不透明度：可以在后面的通道中加载贴图。
- 背面发光：开启该选项后，物体会双面发光。
- 补偿摄影机曝光：控制相机曝光补偿的数值。
- 倍增颜色的不透明度：勾选该选项后，将通过不透明度控制倍增颜色。

知识链接 ▶ **VR-灯光材质的应用**

通常会使用VR-灯光材质来制作室内的灯带效果，这样可以避免场景中出现过多的VRay灯光，从而提高渲染的速度。

2.2.4 VRay其他材质

　　VRay材质类型非常的多，除了上面介绍的几种材质外，还有16种材质，这里简单介绍一下，材质列表如下图所示。

- VR-Mat-材质：该材质可以控制材质编辑器。
- VR-凹凸材质：该材质可以控制材质凹凸。
- VR-快速SSS2：可以制作半透明的SSS物体材质效果，如皮肤。

- VR-散布体积：该材质主要用于散布体积的材质效果。
- VR-材质包裹器：该材质可以有效避免色溢现象。
- VR-模拟有机材质：可以呈现出VRay程序的DarkTree着色器效果。
- VR-毛发材质：主要用于渲染头发和皮毛的材质。
- VR-混合材质：常用来制作两种材质混合在一起的效果，比如带有花纹的玻璃。
- VR-灯光材质：可以制作发光物体的材质效果。
- VR-点粒子材质：该材质主要用于点粒子的材质效果。
- VR-矢量置换烘焙：可以制作矢量的材质效果。
- VR-蒙皮材质：该材质可以制作蒙皮的材质效果。
- VR-覆盖材质：该材质可以让用户更广泛地控制场景的色彩融合、反射、折射等。
- VR-车漆材质：主要用来模拟金属汽车漆的材质。
- VR-雪花材质：该材质可以模拟制作雪花的材质效果。
- VRay2SidedMtl：可以模拟带有双面属性的材质效果。
- VRayGLSLMtl：可以用来加载GLSL着色器。
- VRayMtl：VRayMtl材质是使用范围最为广泛的一种材质，常用于制作室内外效果图。其中制作反射和折射的材质非常出色。
- VRayOSLMtl：可以控制着色语言的材质效果。

进阶案例 利用VRayMtl材质制作发光灯具效果

下面将利用所学的知识制作一个灯具发光的效果。

01 打开素材文件，可以看到场景中是一个简单的五角星装饰，如下图所示。

02 按M键打开材质编辑器，选择一个空白材质球，设置为VR-灯光材质类型，设置颜色强度为150，再勾选"背面发光"选项，如下图所示。

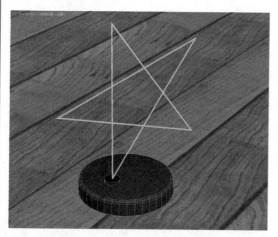

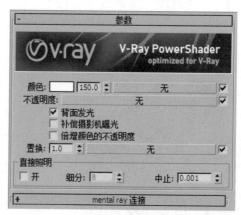

03 创建好的VRay灯光材质效果如下图所示。

04 按M键打开材质编辑器，选择一个空白材质球，设置为VRayMtl材质类型，为漫反射通道添加位图贴图，设置反射颜色及参数，如下图所示。

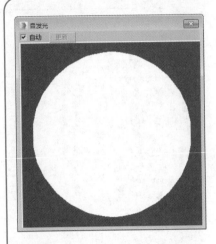

05 漫反射通道添加的贴图如下图所示。

06 反射颜色参数设置如下图所示。

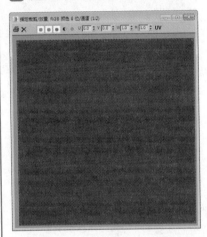

07 创建好的木纹理材质球效果如下图所示。

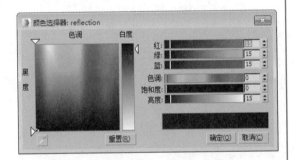

08 按M键打开材质编辑器，选择一个空白材质球，设置为VRayMtl材质类型，设置漫反射颜色与反射颜色，再设置反射参数，如下图所示。

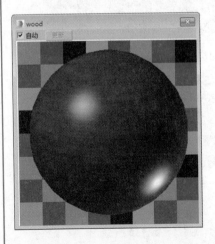

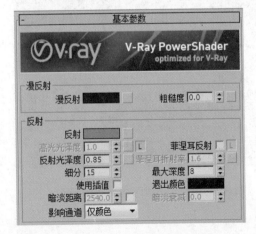

09 漫反射颜色与反射颜色设置如下图所示。

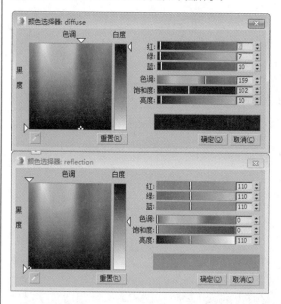

10 创建好的不锈钢材质球效果如下图所示。

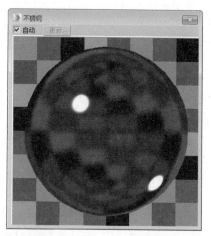

11 将创建好的材质分别指定给对应的物体，渲染效果如下图所示。

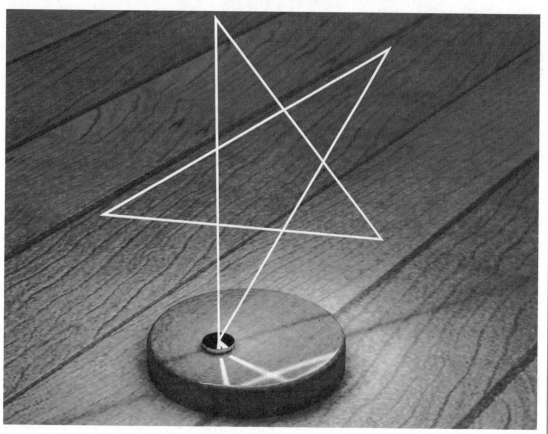

课后练习

一、选择题

1. 下列选项中，关于3ds Max材质的描述不正确的是（   ）。

   A. 双面材质类型可以为物体内外或正反表面分别指定两种不同的材质

   B. 合成材质最多可以合成3种材质

   C. 在混合材质中，若将任意一个子材质设置为线框效果，则整个材质将会以线框形式显示

   D. Ink' n Paint材质可以模拟卡通的材质效果

2. 多维/子对象材质类型的参数面板中不包含以下（   ）项。

   A. 数量　　　　　　　　B. 主材质

   C. 添加　　　　　　　　D. 设置数量

3. 下列选项中，关于VRay材质的描述正确的是（   ）。

   A. VRayMtl材质是VRay渲染器的标准材质

   B. VRay材质并不用于制作带有反射或折射的材质

   C. 选择3ds Max默认渲染器后，便能查看到VRay渲染器提供的材质类型

   D. VR-灯光材质并不能很好地模拟物体发光发亮的效果

4. 下列（   ）项不属于VRayMtl材质"基本参数"卷展栏中的参数选项。

   A. 漫反射　　　　　　　B. 反射

   C. 折射　　　　　　　　D. 透明度

二、填空题

1. 用于将多个不同材质叠加在一起，常制作生锈的金属、岩石等材质的是＿＿＿＿＿。

2. ＿＿＿＿＿是VRay渲染器的标准材质。

3. ＿＿＿＿＿可以将多个子材质按照相对应的ID号分配给一个对象，使对象的各个表面显示出不同的材质效果。

4. 虫漆材质通过叠加将＿＿＿＿＿＿材质混合，叠加材质中的颜色成为虫漆材质，被添加到基础材质的颜色中。

三、操作题

利用本章所学知识，练习"多维/子对象材质"的应用，其效果如下图所示。

Chapter

03

常用贴图知识

3ds Max支持多种类型的贴图，包括2D贴图、3D贴图、合成器贴图、颜色修改器贴图、反射/折射贴图以及VRay贴图，不同的贴图类型又包含多种贴图方式，会产生不同的贴图效果。本章将向读者介绍有关贴图的基本知识。

知识要点

① 什么是贴图
② 常用贴图类型
③ VRay贴图

上机安排

学习内容	学习时间
● 3ds Max贴图	60分钟
● VRay贴图	30分钟

3.1 贴图概述

贴图，顾名思义就是指贴上一张图片。当然在3ds Max中的贴图不仅指图片（位图贴图），也可以是程序贴图。将这些贴图加载在贴图通道中，可以使材质产生更多细节变化。

3.1.1 贴图原理

贴图的使用可以在合理的材质物理属性上增加外观的真实感，此外还可以使用贴图创建环境或者创建灯光投射。

贴图的原理非常简单，主要是在材质表面包裹一层真实的纹理。将材质指定给对象后，对象的表面将会显示纹理并且被渲染，另外还可以通过贴图的明度变化模拟出对象的凹凸效果、反射效果以及折射效果。

3.1.2 贴图坐标与真实世界贴图

每一个贴图都拥有一个空间位置。将带有贴图的材质应用于对象时，此对象必须拥有贴图坐标。贴图坐标是以U、V、W轴表示的局部坐标。通常情况下，对象都拥有"生成贴图坐标"功能，启用此功能可提供默认贴图坐标，如下左图所示。在进行场景渲染时，将自动启用默认贴图坐标。

真实世界贴图是一个默认情况下在3ds Max中禁用的替代贴图。真实世界贴图可以创建材质并在材质编辑器中指定2D纹理贴图的实际宽度和高度。

要使用真实世界贴图，首先必须将正确的UV纹理贴图坐标指定给几何体，并且UV空间的大小要与几何体的大小相对应。其次，将用于启用"真实世界贴图大小"功能的复选框添加到用于生成纹理坐标的多个对话框和卷展栏中。任何用于启用"生成贴图坐标"功能的对话框或卷展栏也可用于启用"真实世界贴图大小"功能，如右图所示。

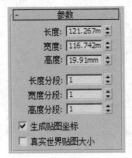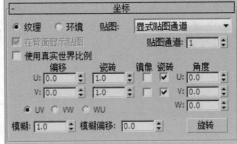

3.1.3 贴图坐标与UVW贴图修改器

UVW贴图修改器用于对对象表面指定贴图坐标，以确定如何使材质投射到对象的表面。对象在指定了UVW贴图修改器后，就会自动覆盖以前的坐标指定。当用户想更有力地控制贴图坐标、当前物体没有自己的建立坐标或者是需要应用贴图到次物体级别时，都可以使用UVW贴图修改器。下图所示为添加UVW贴图修改器后的几种效果。

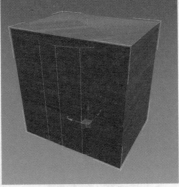

在修改器列表中添加了UVW贴图修改器后，即可看到其参数设置面板，如右图所示。

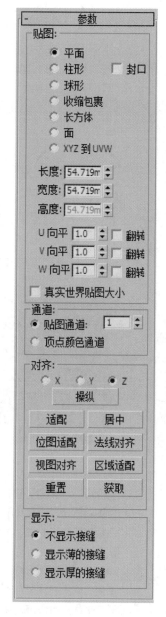

- 平面：在对象上的一个平面投影贴图，它在某种程度上类似于投影幻灯片。

- 柱形：从圆柱体投影贴图，使用它包裹对象。位图结合处的缝是可见的，除非使用无缝贴图。

- 球形：通过从球体投影贴图来包围对象。在球体顶部和底部，位图边与球体两极交会处会看到缝和贴图奇点。球形投影用于基本形状为球形的对象。

- 收缩包裹：使用球形贴图，但是它会截去贴图的各个角，然后在一个单独极点将它们全部结合在一起，仅创建一个奇点。收缩包裹贴图用于隐藏贴图奇点。

- 长方体：从长方体的六个侧面投影贴图。每个侧面投影为一个平面贴图，且表面上的效果取决于曲面法线。从几乎与其每个面的法线平行的最接近长方体的表面贴图每个面。

- 面：对对象的每个面应用贴图副本。使用完整矩形贴图来贴图共享隐藏边的成对面。使用贴图的矩形部分贴图不带隐藏边的单个面。

- XYZ到UVW：将3D程序坐标贴图到UVW坐标。这会将程序纹理贴到表面。如果表面被拉伸，3D程序贴图也被拉伸。

- 长度、宽度、高度：指定UVW贴图Gizmo的尺寸。

- U向平、V向平、W向平：用于指定UVW贴图的尺寸以便平铺图像。

- 真实世界贴图大小：启用后，对应用于对象上的纹理贴图材质使用真实世界贴图。

- 操纵：启用时，Gizmo出现在能让您改变视口中的参数的对象上。当启用"真实世界贴图大小"时，仅可对"平面"与"长方体"类型贴图使用操纵。

- 适配：将Gizmo适配到对象的范围并使其居中，以使其锁定到对象的范围。

- 居中：移动Gizmo，使其中心与对象的中心一致。

- 位图适配：显示标准的位图文件浏览器，使您可以拾取图像。

- 法线对齐：单击并在要应用修改器的对象曲面上拖动。

- 视图对齐：将贴图Gizmo重定向为面向活动视口。图标大小不变。

- 区域适配：激活一个模式，从中可在视口中拖动以定义贴图Gizmo的区域。

- 重置：删除控制Gizmo的当前控制器，并插入使用"拟合"功能初始化的新控制器。

- 获取：在拾取对象以从中获得UVW时，从其他对象有效复制UVW坐标，一个对话框会提示您选择是以绝对方式还是相对方式完成获得。

3.1.4 贴图与材质的关系

材质定义了物体的一些属性，比如说反射、折射、高光等。而贴图则是进一步表现了材质的细节，模拟物体质地，提供纹理图案等其他效果。从广义上来讲，贴图是包含在材质的概念之中的，不能够单独存在，只能依附在某种材质上。

3.2 3ds Max贴图类型

　　3ds Max常用的贴图类型有很多，贴图需要添加到相应的通道上才可以使用。在材质编辑器中打开"贴图"卷展栏，就可以在任意通道中添加贴图来表现物体的属性，如下左图所示。在打开的材质/贴图浏览器中可以看到有很多的贴图类型，包括2D贴图、3D贴图、颜色修改器贴图、反射和折射贴图以及VRay贴图，如下右图所示。

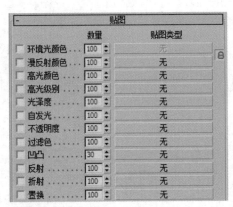

1. 2D贴图

2D贴图是平面对象，它覆盖到三维对象的表面，或者作为环境贴图来表现背景图案。

- 位图：位图是比较常用的贴图类型，它支持多种图片格式及视频格式的文件。
- 每像素摄影机贴图：将渲染后的图像作为物体的纹理贴图，以当前摄影机方向贴在物体上，可以进行快速渲染。
- 棋盘格：由两种方格颜色组成，默认颜色为黑色和白色。
- 渐变：使用三种颜色创建渐变图像。
- 渐变坡度：可以产生多色渐变效果。
- 法线凹凸：可以改变曲面上的细节和外观。
- Substance贴图：使用包含Substance参数化纹理的库，可获得各种范围的材质。
- 漩涡：可以创建两种颜色的漩涡图形。
- 平铺：可以模拟类似带有缝隙的瓷砖的效果。
- 向量置换：向量置换贴图允许在三个维度上置换网格，这与之前允许沿曲面法线进行置换的方法形成鲜明对比。
- 向量贴图：使用该贴图，可以将基于向量的图形（包括动画）用作对象的纹理。

> **知识链接** **使用"显示背面贴图"功能时的注意事项**
>
> 在视口中，无论是否启用了"显示背面贴图"功能，平面贴图都将投影到对象的背面。为了将其覆盖，必须禁用"平铺"设置。

2. 3D 贴图

3D贴图是程序根据三维方式所生成的贴图，它是用数学方法创建的。

- 细胞：可以生成用于各种视觉效果的细胞图案。
- 凹痕：可以作为凹凸贴图，产生一种风化和腐蚀的效果。
- 衰减：产生两色过渡效果，这是比较重要的贴图。
- 大理石：产生岩石断层效果。
- 噪波：通过两种颜色或贴图的随机混合，产生一种无序的杂点效果。
- 粒子年龄：专用于粒子系统，通常用来制作彩色粒子流动的效果。
- 粒子运动模糊：根据粒子速度产生模糊效果。
- Prelin大理石：通过两种颜色混合，产生类似于珍珠岩纹理的效果。
- 烟雾：产生丝状、雾状或者絮状等无序的纹理效果。
- 斑点：产生两色杂斑纹理效果。
- 泼溅：产生类似于油彩飞溅的效果。
- 灰泥：用于制作腐蚀生锈的金属和物体破败的效果。
- 波浪：可创建波状的、类似水纹的贴图效果。
- 木材：用于制作木头效果。

3. 合成器贴图

在图像处理中，图像的合成是指将两个或多个图像以不同的方式进行混合。使用合成器贴图可以帮助我们创建更为真实可信的材质效果。

- 合成：可以将两个或两个以上的子材质叠加在一起。
- 遮罩：使用一张贴图作为遮罩。
- 混合：将两种贴图混合在一起，常用来制作一些多个材质渐变融合或覆盖的效果。
- RGB倍增：主要配合凹凸贴图一起使用，允许将两种颜色或贴图的颜色进行相乘处理，从而增加图像的对比度。

4. 颜色修改器贴图

使用颜色修改器贴图可以调整贴图的色彩、亮度、颜色的均衡度等。

- 颜色修正：可以调节材质的色调、饱和度、亮度与对比度。
- 输出：专门用来弥补某些输出设置的贴图类型。
- RGB染色：通过三个颜色通道来调整贴图的色调。
- 顶点颜色：根据材质或原始顶点颜色来调整RGB或RGBA纹理。

5. 反射和折射贴图

- 平面镜：使共平面的表面产生类似于镜面反射的效果。
- 光线跟踪：可模拟真实的完全反射与折射效果。
- 反射/折射：可产生反射与折射效果。
- 薄壁折射：配合折射贴图一起使用，能产生透镜变形的折射效果。

6. VRay贴图

- VRayHDRI：VRayHDRI即VRay高动态范围贴图，主要用来设置场景的环境贴图。
- VR边纹理：这是一个非常简单的材质，效果和3ds Max里的线框材质类似。
- VR合成纹理：可通过两个通道中贴图色度、灰度的不同来进行减、乘、除等操作。
- VR天空：可以调节出场景背景环境天空的贴图效果。

- VR位图过滤器：是一个非常简单的程序贴图，可以编辑贴图纹理的X、Y轴向。
- VR污垢：可以用来模拟真实物理世界中物体上的污垢效果。
- VR颜色：可以用来设定任何颜色。
- VR贴图：因为VRay不支持3ds Max里的光线跟踪贴图类型，所以在使用3ds Max标准材质时的反射和折射就使用VR贴图来代替。

3.2.1 位图贴图

位图贴图是由彩色像素的固定矩阵生成的图像，可以用来创建多种材质，也可以使用动画或视频文件替代位图来创建动画材质。位图贴图模拟的材质效果如下左图所示，位图贴图的参数卷展栏如下右图所示。

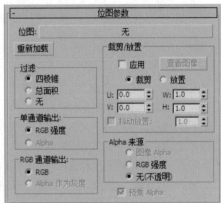

- 位图：用于选择位图贴图，通过标准文件浏览器选择位图，选中之后，该按钮上会显示所选位图的路径名称。
- 重新加载：对使用相同名称和路径的位图文件进行重新加载。在绘图程序中更新位图后，无须使用文件浏览器重新加载该位图。
- 四棱锥：四棱锥过滤方法，在计算的时候占用较少的内存，运用最为普遍。
- 总面积：总面积过滤方法，在计算的时候占用较多的内存，但能产生比四棱锥过滤方法更好的效果。
- RGB强度：使用贴图的红、绿、蓝通道强度。
- Alpha：使用贴图Alpha通道的强度。
- 应用：启用该选项可以应用裁剪或减小尺寸的位图。
- 裁剪/放置：控制贴图的应用区域。

知识链接 ▶ **位图参数介绍**

"过滤"选项组用来选择抗锯齿位图中平均使用的像素方法。"Alpha来源"选项组中的参数用于根据输入的位图确定输出Alpha通道的来源。

3.2.2 衰减贴图

衰减贴图可以模拟对象表面由深到浅或者由浅到深的过渡效果，如下左图所示。在创建不透明的衰减效果时，衰减贴图提供了更大的灵活性，其参数面板如下右图所示。

- 前/侧：用来设置衰减贴图的前和侧通道参数。
- 衰减类型：设置衰减的方式，共有垂直/平行、朝向/背离、Fresnel、阴影/灯光、距离混合5个选项。
- 衰减方向：设置衰减的方向。
- 对象：从场景中拾取对象并将其名称显示在按钮上。
- 覆盖材质IOR：允许更改为材质所设置的折射率。
- 折射率：设置一个新的折射率。
- 近端距离：设置混合效果开始的距离。
- 远端距离：设置混合效果结束的距离。
- 外推：启用此选项之后，效果继续超出"近端"和"远端"距离。

在"衰减参数"卷展栏中，用户可以对衰减贴图的两种颜色进行设置，并且提供了如右图所示的5种衰减类型，默认状态下使用的是"垂直/平行"。

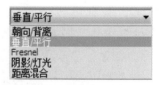

知识链接 ▶ **Fresnel类型简介**

Fresnel类型是基于折射率来调整贴图的衰减效果的，它在面向视图的曲面上产生暗淡反射，在有角的面上产生较为明亮的反射，创建就像在玻璃面上一样的高光。

3.2.3 渐变贴图

渐变贴图可从一种颜色到另一种颜色进行明暗过渡，也可以为渐变指定两种或三种颜色，效果如右图所示，其参数面板如下图所示。

- 颜色#1～#3：设置渐变在中间进行插值的三个颜色。单击色块会显示颜色选择器，可以将颜色从一个色块拖放到另一个色块中。
- 贴图：显示贴图而不是颜色。贴图采用与混合渐变颜色相同的方式来混合到渐变中。可以在每个窗口中添加嵌套程序以生成5色、7色、9色渐变，或更多的渐变。
- 颜色2位置：控制中间颜色的中心点。
- 渐变类型：线性基于垂直位置插补颜色。

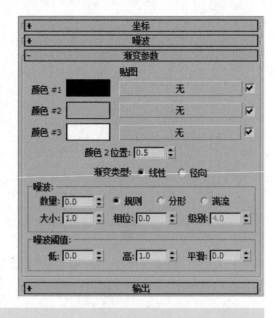

通过将一个色块拖动到另一个色块上，然后单击"复制或交换颜色"对话框中的"交换"按钮即可完成交换颜色操作。若需要反转渐变的总体方向，则可交换第一种和第三种颜色。

3.2.4 渐变坡度贴图

渐变坡度贴图与渐变贴图是有区别的，渐变坡度贴图可以随机控制颜色种类的个数。在渐变条的空白位置单击鼠标即可添加新的色标。渐变坡度贴图效果如下左图所示，参数设置面板如下右图所示。

 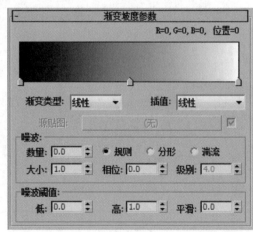

- 渐变条：可以在渐变条中设置渐变的颜色。
- 渐变类型：选择渐变的类型。
- 插值：选择插值的类型。
- 数量：基于渐变坡度颜色的交互，将随机噪波应用于渐变。
- 规则：生成普通噪波。
- 分形：使用分形算法生成噪波。
- 湍流：生成应用绝对值函数来制作故障线条的分形噪波。

- 大小：设置噪波功能的比例。此值越小，噪波碎片也就越小。
- 相位：控制噪波函数的动画速度。
- 级别：设置湍流的分形迭代次数。
- 低/高：设置低/高阈值。
- 平滑：用以生成从阈值到噪波值较为平滑的变换。

知识链接 > 同一位置存在多色标时的效果

对于一个给定的位置，可以有多个色标占用。如果在同一位置上有两个色标，那么在两种颜色之间会出现轻微边缘。如果在同一个位置上有3个或者更多的色标，则边缘就为实线。

3.2.5 平铺贴图

平铺贴图使用颜色或材质贴图创建砖或其他平铺材质。通常包括已定义的建筑砖图案，也可以自定义图案，效果如下左图所示，参数设置面板如下右图所示。

- 预设类型：列出定义的建筑瓷砖砌合、图案、自定义图案，这样可以通过选择"高级控制"和"堆垛布局"卷展栏中的选项来设计自定义的图案。
- 显示纹理样例：更新并显示贴图指定给瓷砖或砖缝的纹理。
- 纹理：控制用于瓷砖的当前纹理贴图的显示。
- 水平数/垂直数：控制行/列的瓷砖数。
- 颜色变化：控制瓷砖的颜色变化。
- 淡出变化：控制瓷砖的淡出变化。
- 纹理：控制砖缝的当前纹理贴图的显示。
- 水平间距/垂直间距：控制瓷砖间的水平/垂直砖缝的大小。
- 粗糙度：控制砖缝边缘的粗糙度。

知识链接 > 分别设置水平间距和垂直间距

默认状态下平铺贴图的水平间距和垂直间距是锁定在一起的，用户可以根据需要解开锁定来单独对它们进行设置。

3.2.6 棋盘格贴图

棋盘格贴图是将两色的棋盘图案应用于材质，默认贴图是黑白方块图案。棋盘格贴图效果如下左图所示，参数设置面板如下右图所示。

 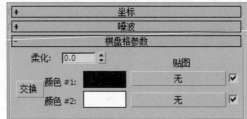

- 柔化：模糊方格之间的边缘，很小的柔化值就能产生很明显的模糊效果。
- 交换：单击该按钮可交换方格的颜色。
- 颜色：用于设置方格的颜色，允许使用贴图代替颜色。
- 贴图：选择要在棋盘格颜色区内使用的贴图。

进阶案例 利用棋盘格贴图制作抱枕材质效果

棋盘格贴图中的方格既可以是颜色，也可以是贴图，使用棋盘格贴图一般可以制作方格地板、方格桌布等材质。本案例中将利用棋盘格贴图重新为沙发抱枕制作材质，改变整体效果。具体操作步骤介绍如下。

01 打开素材文件，如下图所示。

02 渲染场景，效果如下图所示。

03 按M键打开材质编辑器，选择抱枕材质并打开材质示例窗，如下图所示。

04 在设置面板中展开"贴图"卷展栏，可以看到"漫反射"通道中添加了衰减贴图，"凹凸"通道中添加了位图贴图，如下图所示。

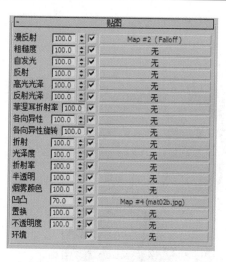

05 单击"漫反射"通道进入"衰减参数"卷展栏，为"前"衰减通道添加棋盘格贴图，如下图所示。

06 单击贴图按钮进入"棋盘格参数"卷展栏，为"颜色 #1"通道添加位图贴图，再设置"颜色 #2"，如下图所示。

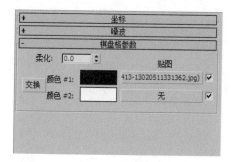

07 "颜色#2"设置如下图所示。

08 返回到父级"贴图"卷展栏，调整凹凸值，如下图所示。

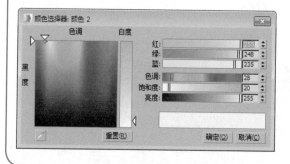

09 重新设置后的材质球效果如下图所示。

10 选择抱枕模型，进入修改命令面板，重新调整UVW贴图尺寸，可以看到场景中抱枕的效果发生了变化，如下图所示。

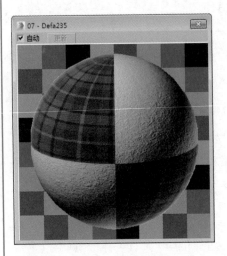

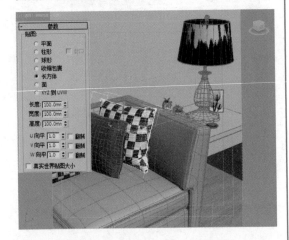

11 再次渲染场景，效果如右图所示。

3.2.7 细胞贴图

细胞贴图是一种程序贴图，能够生成各种类似细胞的表面纹理，例如马赛克、鹅卵石等，效果如右图所示，其参数设置面板如下图所示。

- 细胞颜色：该选项组中的参数主要用来设置细胞的颜色。其中，单击色块可以为细胞选择一种颜色；利用"变化"选项则可以通过随机改变RGB值来更改细胞的颜色。
- 分界颜色：设置细胞间的分界颜色。
- 细胞特性：该选项组中的参数主要用来设置细胞的一些特征属性。
- 阈值：该选项组中的参数用来控制细胞和分界的相对大小。其中，"低"表示调整细胞的大小，默认值为0.0；"中"表示相对于第二分界颜色，调整最初分界颜色的大小；"高"表示调整分界的总体大小。

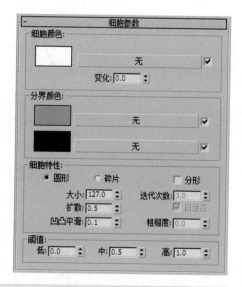

3.2.8　烟雾贴图

烟雾贴图可以创建随机的、形状不规则的图案，类似于烟雾的效果，如下左图所示。其参数设置面板如下右图所示。

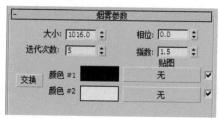

- 大小：更改烟雾团的比例。
- 迭代次数：用于控制烟雾的质量，参数越高烟雾效果就越精细。
- 相位：转移烟雾图案中的湍流。
- 指数：使代表烟雾的颜色#2更加清晰、更加缭绕。
- 交换：交换颜色。
- 颜色#1：表示效果的无烟雾部分。
- 颜色#2：表示烟雾。

3.2.9 噪波贴图

噪波贴图可以产生随机的噪波波纹纹理。常使用该贴图制作凹凸，如水波纹、草地、墙面、毛巾等，效果如下左图所示。其参数设置面板如下右图所示。

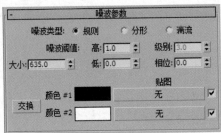

- 噪波类型：共有三种类型，分别是"规则"、"分形"和"湍流"。
- 大小：以3ds Max单位设置噪波函数的比例。
- 噪波阈值：控制噪波的效果。
- 级别：决定有多少分形能量用于分形和湍流噪波函数。
- 相位：控制噪波函数的动画速度。
- 交换：切换两个颜色或贴图的位置。
- 颜色#1/颜色#2：从这两个主要噪波颜色中选择，通过所选的两种颜色来生成中间颜色值。

3.2.10 遮罩贴图

使用遮罩贴图，可以在曲面上通过一种材质查看另一种材质。遮罩控制应用到曲面的第二个贴图的位置。其参数设置面板如右图所示。

- 贴图：选择或创建要通过遮罩查看的贴图。
- 遮罩：选择或创建用作遮罩的贴图。
- 反转遮罩：反转遮罩的效果，以使白色变为透明，黑色显示已应用的贴图。

3.2.11 泼溅贴图

泼溅贴图可在对象表面生成分形图案，通常用于生成类似泼溅的效果，效果如下左图所示。其参数设置面板如下右图所示。

- 大小：调整泼溅的大小。
- 迭代次数：计算分形函数的次数。数值越大，次数越多，泼溅越详细，计算时间也会越长。
- 阈值：设置与颜色#2混合的颜色#1的量。
- 交换：切换两个颜色或贴图的位置。
- 颜色#1：表示背景的颜色。
- 颜色#2：表示泼溅的颜色。
- 贴图：为颜色#1或颜色#2添加位图或程序贴图以覆盖颜色。

3.2.12 光线跟踪贴图

使用光线跟踪贴图可以提供全部光线跟踪反射和折射。生成的反射和折射比反射/折射贴图的更精确。渲染光线跟踪对象的速度比使用反射/折射的速度低。另一方面，光线跟踪对渲染3ds Max场景进行优化，并且通过将特定对象或效果排除于光线跟踪之外以进一步优化场景。其参数设置面板如右图所示。

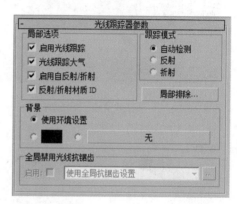

- 启用光线跟踪：启用或禁用光线跟踪器。
- 光线跟踪大气：启用或禁用大气效果的光线跟踪。
- 启用自反射/折射：启用或禁用自反射/折射。
- 反射/折射材质ID：启用该选项后，材质将反射启用或禁用渲染器的G缓冲区中指定给材质ID的效果。
- 自动检测：如果将贴图指定给材质的反射组件，则光线跟踪器将反射。
- 反射：从对象曲面投射反射光线。
- 折射：向对象曲面投射折射光线。
- 使用环境设置：涉及当前场景的环境设置。

进阶案例 **利用VRayMtl材质制作壁纸效果**

本案例中将利用VRayMtl材质制作壁纸材质效果，并观察渲染后的效果。

01 打开素材文件，如右图所示。

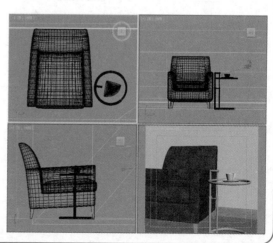

02 渲染摄影机视口，渲染效果如下图所示。

03 按M键打开材质编辑器，选择一个空白材质球设置为VRayMtl材质，为"漫反射"通道添加壁纸贴图，设置反射颜色的R、G、B值均为30，设置"反射光泽度"为"0.5"、"最大深度"为1，如下图所示。

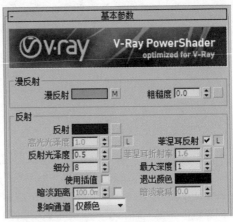

04 创建好的材质球效果如下图所示。

05 将制作好的材质指定给墙面模型，再添加UVW贴图，设置贴图参数，如下图所示。

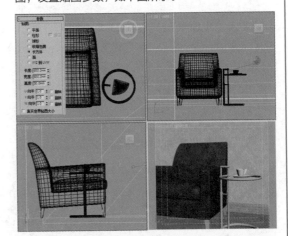

06 进行最终渲染，效果如右图所示。

3.3 VRay贴图

本节将对VRay贴图的知识进行介绍，其中包括VRayHDRI贴图、VR边纹理贴图、VR天空贴图等。

3.3.1 VRayHDRI贴图

VRayHDRI贴图是比较特殊的一种贴图，它可以模拟真实的HDRI环境，常用于反射或折射较为明显的场景。其参数设置面板如右图所示。

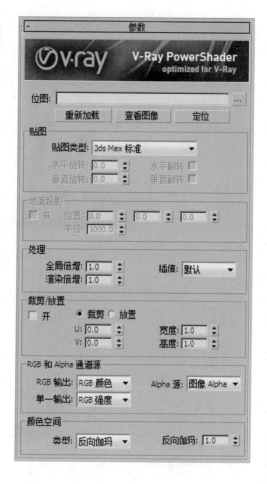

- 位图：单击后面的"浏览"按钮可以指定一张HDR贴图。
- 贴图类型：用于控制HDRI的贴图方式。共分为成角、立方体、球体、镜像球、3ds Max标准5类。
- 水平旋转：控制HDRI在水平方向的旋转角度。
- 水平翻转：让HDRI在水平方向上翻转。
- 垂直旋转：控制HDRI在垂直方向的旋转角度。
- 垂直翻转：让HDRI在垂直方向上翻转。
- 全局倍增：用来控制HDRI的亮度。
- 渲染倍增：设置渲染时的光强度倍增。
- 插值：选择插值方式，包括双线性、双立体、四次幂、默认4种。

3.3.2 VR边纹理贴图

VR边纹理贴图可以模拟制作物体表面的网格颜色效果，其参数设置面板如下图所示。

- 颜色：设置边线的颜色。
- 隐藏边：当勾选该项时，物体背面的边线也将被渲染出来。
- 厚度：决定边线的厚度，主要分为"世界单位"和"像素"两个单位。

进阶案例 VR边纹理贴图的应用

本案例中将通过表现一个线框场景，来详细讲述VR边纹理贴图的使用。具体操作方法介绍如下。

01 打开素材文件，如下图所示。

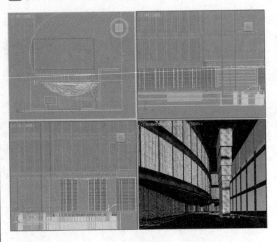

02 渲染场景，完整的场景效果如下图所示。

03 按M键打开材质编辑器，选择一个空白材质球，设置为VRayMtl材质，为"漫反射"通道添加VR边纹理贴图，再设置漫反射颜色，如下图所示。

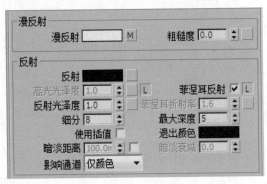

04 漫反射颜色设置如下图所示。

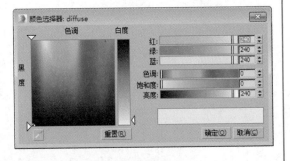

05 进入"VRay边纹理参数"卷展栏，设置"颜色"为黑色，再设置"像素"值为0.5，如下图所示。

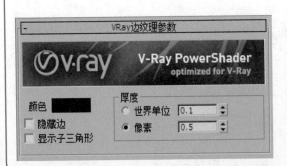

06 创建好的材质球效果如下图所示。

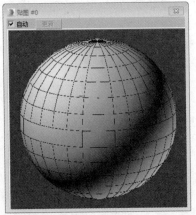

07 按Ctrl+A组合键，全选场景中的物体，将创建的材质指定给全部对象，如下图所示。

08 渲染场景，效果如下图所示。

3.3.3 VR天空贴图

VR天空贴图可以模拟浅蓝色渐变的天空效果，并且可以控制亮度。其参数设置面板如下图所示。

- 指定太阳节点：当不勾选该项时，VR天空的参数将从场景中的VR太阳的参数里自动匹配；勾选该项时，用户可以从场景中选择不同的光源，这种情况下，VR太阳将不再控制VR天空的效果，VR天空将用自身的参数来改变天光效果。
- 太阳光：单击后面的按钮可以选择太阳光源。
- 太阳浊度：控制太阳的浑浊度。
- 太阳臭氧：控制大气臭氧层的厚度。
- 太阳强度倍增：控制太阳的亮点。
- 太阳大小倍增：控制太阳的阴影柔和度。
- 太阳过滤颜色：控制太阳的颜色。
- 太阳不可见：控制太阳本身是否可见。
- 天空模型：可以选择天空的模型类型。
- 间接水平照明：间接控制水平照明的强度。

-	VRay 天空参数	
指定太阳节点...		□
太阳光......................................	无	
太阳浊度..................................	3.0	
太阳臭氧..................................	0.35	
太阳强度倍增..........................	1.0	
太阳大小倍增..........................	1.0	
太阳过滤颜色..........................		
太阳不可见..............................		□
天空模型..................	Preetham et al.	
间接水平照明..........................	25000.0	

课后练习

一、选择题

1. 下列选项中关于贴图的描述不正确的是（　　）。

   A. 在3ds Max中的贴图仅指图片，也就是位图贴图

   B. 每一个贴图都拥有一个空间位置

   C. 贴图的原理非常简单，主要是在材质表面包裹一层真实的纹理

   D. 贴图不能够单独存在，只能依附在某种材质上

2. 以下不属于UVW贴图修改器参数面板中的参数选项是（　　）。

   A. 平面　　　　　　　B. 球形

   C. 柱形　　　　　　　D. 圆形

3. 以下关于VRay贴图的描述正确的是（　　）。

   A. VRayHDRI贴图是比较特殊的一种贴图，并不能模拟真实的HDRI环境

   B. VRayHDRI贴图常用于反射或折射较为明显的场景

   C. VR边纹理贴图可以模拟制作物体表面的颜色效果

   D. VR天空贴图可以模拟浅蓝色渐变的天空效果，但不能控制亮度

4. 下列选项中，（　　）项不是"光线跟踪器参数"卷展栏中的选项。

   A. 折射　　　　　　　B. 自动扫描

   C. 反射　　　　　　　D. 反射/折射材质ID

二、填空题

1. _____可以创建随机的、形状不规则的图案。

2. _____可以模拟对象表面由深到浅或者由浅到深的过渡效果。

3. _____是一种程序贴图，能够生成各种类似细胞的表面纹理。

4. _____可从一种颜色到另一种颜色进行明暗过渡，也可以为渐变指定两种或三种颜色。

三、操作题

利用本章所学知识，练习制作生锈的杯子，其效果如下图所示。

Chapter

04

材质表现Ⅰ

前面的章节中已经学习了关于材质与贴图的基础知识，相信读者已经对材质、贴图的知识和使用方法有了初步的了解。本章将会介绍效果图制作中常用的一些材质的设置方法，如金属、玻璃、油漆等常见物体的材质，使读者进一步巩固材质与贴图的知识。

知识要点

① 金属材质的创建
② 透明材质的创建
③ 油漆材质的创建
④ 陶瓷材质的创建

上机安排

学习内容	学习时间
● 金属材质的表现	45分钟
● 透明材质的表现	60分钟
● 油漆材质的表现	30分钟
● 陶瓷材质的表现	20分钟

4.1 金属材质的表现

金属材质是反光度很高的材质，其高光部分很精彩，有很多的环境色都体现在高光中。同时它的镜面效果也很强，高精度抛光的金属和镜子的效果相差无几，金属都有很好的反射，是一种反差效果很大的材质。

4.1.1 亮面不锈钢材质

亮面不锈钢的反射性很高，主要用于建筑材料和厨房用具等。下面介绍该材质的具体创建步骤。

步骤01 按M键打开材质编辑器，选择一个空白材质球，设置为VRayMtl材质类型，命名为"不锈钢"。然后设置漫反射颜色以及反射颜色，再设置反射参数，取消勾选"菲涅耳反射"选项，如下图所示。

步骤02 漫反射颜色及反射颜色设置如下图所示。

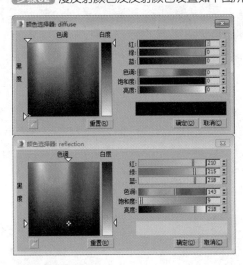

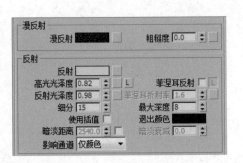

步骤03 设置折射烟雾颜色，再设置半透明类型以及背面颜色、厚度值，如下图所示。

步骤04 烟雾颜色与背面颜色的设置参数相同，如下图所示。

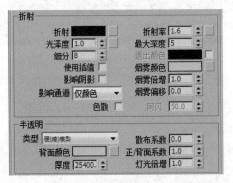

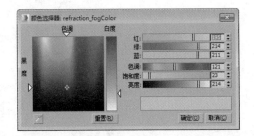

知识链接 **个别参数选项的启用**

在默认情况下，"高光光泽度"和"菲涅耳折射率"选项均为灰色不可用状态，在单击激活其后的L按钮后，便可变为黑色可用状态。

步骤05 在"双向反射分布函数"卷展栏中取消勾选"修复较暗光泽边"选项，如右图所示。

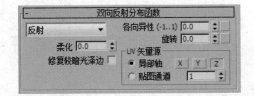

步骤06 在"选项"卷展栏中取消勾选"雾系统单位比例"选项，再设置中止值，如右图所示。

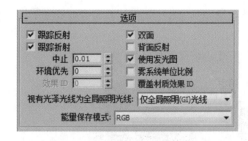

步骤07 创建好的亮面不锈钢材质效果如下图所示。

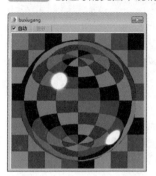

步骤08 将材质指定给物体后的效果如下图所示。

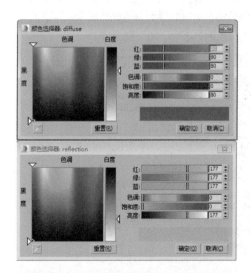

4.1.2 磨砂不锈钢材质

在表现一些厨具的材质时，材质的表面往往具有点状凹凸效果，这就是磨砂不锈钢材质。本小节中将介绍磨砂不锈钢材质的制作方法。

步骤01 按M键打开材质编辑器，选择一个空白材质球，设置为VRayMtl材质类型，然后设置漫反射颜色及反射颜色，再设置反射光泽度及细分值，取消勾选"菲涅耳反射"选项，如下图所示。

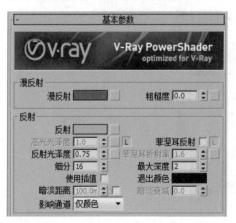

步骤02 漫反射颜色及反射颜色设置如下图所示。

步骤03 在"双向反射分布函数"卷展栏中取消勾选"修复较暗光泽边"选项，设置函数类型为"沃德"，如右图所示。

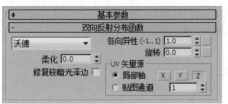

步骤04 创建好的磨砂不锈钢材质球的效果如下图所示。

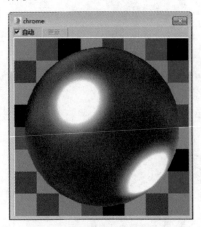

步骤05 将材质指定给物体后的渲染效果如下图所示。

知识链接 "最大深度"选项设置

"最大深度"选项用于控制反射或折射的最多次数，通常保持默认即可。但是如果场景中具有大量反射或折射材质时，应该设置较大的最大深度次数。

4.1.3 拉丝不锈钢材质

部分厨房用具的表面是线状的纹理效果，也就是拉丝不锈钢。本节中将利用VRay材质制作出拉丝不锈钢金属的质感，具体操作方法介绍如下。

步骤01 按M键打开材质编辑器，选择一个空白材质球，设置为VRayMtl材质类型。然后设置漫反射颜色及反射颜色，再设置反射光泽度及细分值，取消勾选"菲涅耳反射"选项，如下图所示。

步骤02 漫反射颜色及反射颜色设置如下图所示。

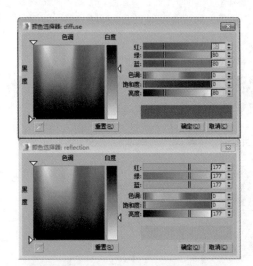

步骤03 在"双向反射分布函数"卷展栏中取消勾选"修复较暗光泽边"选项，如右图所示。

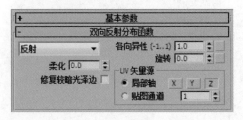

步骤04 在"贴图"卷展栏中为"凹凸"通道添加噪波贴图，并设置凹凸值为80，如下图所示。

步骤05 进入噪波参数设置面板，在"坐标"卷展栏中设置Y轴瓷砖数值为1、X轴与Z轴为0，在"噪波参数"卷展栏中设置噪波大小为0.08，如下图所示。

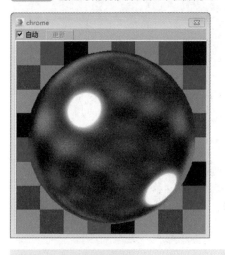

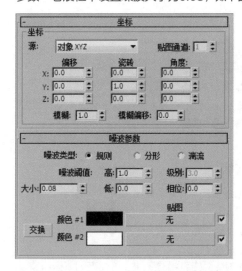

步骤06 创建好的材质效果如下图所示。

步骤07 将材质指定给物体后的渲染效果如下图所示。

知识链接 反射颜色的设置

反射颜色的深浅可以控制反射的强弱，当反射颜色为纯白色时物体的反射最强烈。

4.1.4 黄金材质

黄金材质在设计中用到的机会比较少，多用于装饰品上。该材质有较亮的光泽和一定的反射，非常有质感。下面介绍黄金材质的制作过程。

步骤01 按M键打开材质编辑器，选择一个空白材质球，设置为VRayMtl材质类型。然后设置漫反射颜色及反射颜色，再设置反射参数，如下图所示。

步骤02 漫反射颜色及反射颜色设置如下图所示。

步骤03 创建好的黄金材质球效果如下图所示。

步骤04 将材质指定给物体后的渲染效果如下图所示。

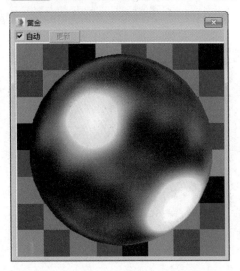

4.2 透明材质的表现

在学习3ds Max效果图制作过程中，透明材质的制作是一个难点。例如各种形状的玻璃家具、玻璃及塑料器皿、液体等，透明物体的表面性状、曲率、厚薄、通光性、滤色性、对光线的反射和折射、投射阴影的特殊性等，对制作效果都会有明显的影响。因此要求用户对3ds Max的材质编辑器中各个参数的理解都十分透彻，才能够将透明物体的各种性状特点准确地反映出来，使效果图更加接近真实的效果。

4.2.1 普通玻璃材质

通透、折射、焦散是玻璃材质特有的物理特性，经常用于窗户玻璃、器皿等物体，因此在材质的设置过程中要注意折射参数的设置，而漫反射颜色可以根据实际情况进行调整。使用VRayMtl材质能够表现出非常真实的玻璃材质，具体操作步骤如下。

步骤01 按M键打开材质编辑器，选择一个空白材质球，设置为VRayMtl材质类型。然后设置漫反射颜色、反射颜色以及折射颜色，再设置反射参数及折射参数，如下图所示。

步骤02 漫反射颜色、反射颜色及折射颜色设置如下图所示。

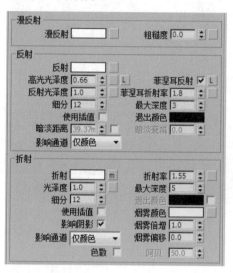

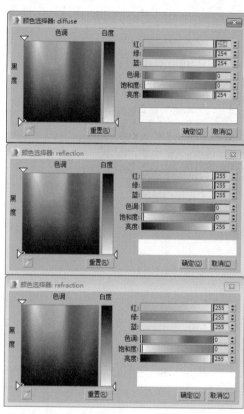

知识链接 **反射参数的设置**

调整VRayMtl的"反射光泽度"参数，能够控制材质的反射模糊程度。该参数默认为1时表示没有模糊。"细分"参数用来控制反射模糊的质量，只有当"反射光泽度"参数不为1时，该参数才起作用。

步骤03 进入"衰减参数"卷展栏，设置衰减颜色以及衰减类型，如右图所示。

步骤04 在"选项"卷展栏中设置相关参数，如右图所示。

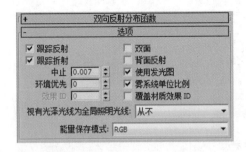

步骤05 创建好的材质效果如下图所示。

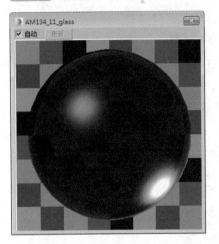

步骤06 将材质指定给物体后的渲染效果如下图所示。

4.2.2 磨砂玻璃材质

磨砂玻璃的表面有细小的气孔，并呈完全透明的效果，但是由于凹凸的气孔使透过玻璃看到的对象很模糊。下面介绍磨砂玻璃材质的制作方法。

步骤01 按M键打开材质编辑器，选择一个空白材质球，设置为VRayMtl材质类型。然后设置漫反射颜色、反射颜色以及折射颜色，再设置反射参数及折射参数，如下图所示。

步骤02 漫反射颜色和反射颜色设置如下图所示，折射颜色参数设置同反射颜色。

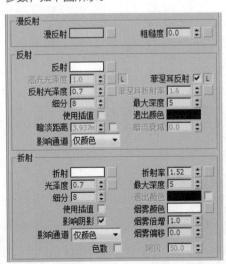

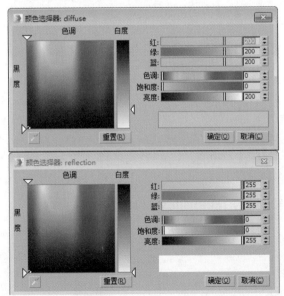

步骤03 为"凹凸"通道添加噪波贴图，设置噪波类型为"分形"，设置大小为0.01，如下图所示。

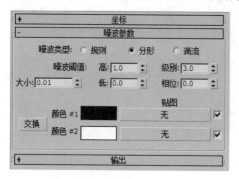

步骤04 创建好的磨砂玻璃材质球效果如下图所示。

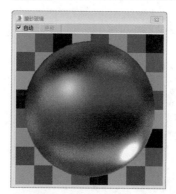

步骤05 将材质指定给物体后的渲染效果如右图所示。

4.2.3 压花玻璃材质

压花玻璃材质常用于室内场景中的门扇或者台灯等物体上，其具有一定的反射和折射效果，以及凹凸纹理，下面介绍压花玻璃材质的制作过程。

步骤01 按M键打开材质编辑器，选择一个空白材质球，设置为VRayMtl材质类型。然后设置漫反射颜色、反射颜色，再设置反射参数，如下图所示。

步骤02 漫反射颜色及反射颜色设置如下图所示。

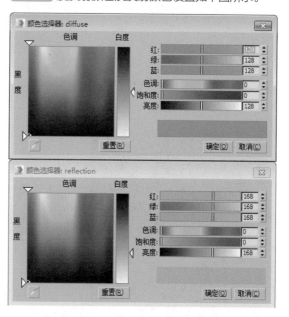

步骤03 设置折射颜色与折射参数，如下图所示。

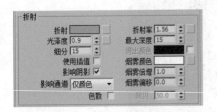

步骤04 折射颜色参数设置如下图所示。

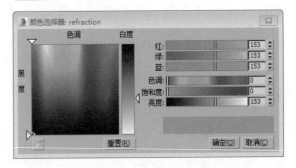

步骤05 在"贴图"卷展栏中为"凹凸"通道添加位图贴图，再设置凹凸值为80，如下图所示。

步骤06 为"凹凸"通道添加的纹理贴图如下图所示。

步骤07 进入贴图设置面板，在"坐标"卷展栏中设置瓷砖UV向的值，如右图所示。

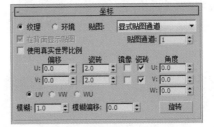

步骤08 创建好的压花玻璃材质球效果如下图所示。

步骤09 将材质指定给物体后的渲染效果如下图所示。

4.3 高级透明材质的表现

在效果图的制作过程中，透明材质的制作是一个难点，除了常见的玻璃材质外，还有液体、镜子、塑料等，它们的通光性、滤色性以及对光线的反射率和折射率都各有不同。

4.3.1 茶水材质

水是效果图中经常出现的一种材质类型，在制作餐厅、浴室、游泳池、户外建筑效果图时都经常会用到水材质。水材质的特点是具有一定的通透性，同时又有比较强的反射效果。下面介绍水材质的制作过程。

步骤01 按M键打开材质编辑器，选择一个空白材质球，设置为VRayMtl材质类型。然后设置漫反射颜色与反射颜色，再设置反射参数，如右图所示。

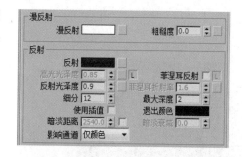

步骤02 漫反射颜色及反射颜色设置如右图所示。

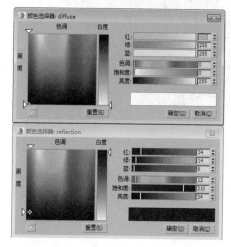

知识链接 **折射参数的设置**

折射参数选项组中的"折射率"参数用于设置透明材质的折射率。折射率是决定透明物体材质的重要参数，不同的透明材质的折射率也不同，如真空的折射率是1.0，空气的折射率是1.003，玻璃的折射率是1.5，水的折射率是1.33等。"烟雾颜色"用来控制产生次表面散射效果和物体内部物质的颜色。

步骤03 设置折射颜色以及折射烟雾颜色，再设置折射参数，如下图所示。

步骤04 折射颜色与折射烟雾颜色设置如下图所示。

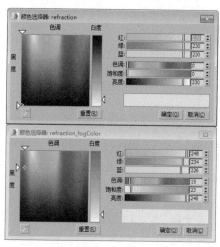

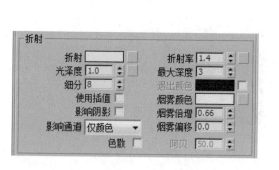

步骤05 在"双向反射分布函数"卷展栏中设置分布类型为"多面",如下图所示。

步骤06 设置反射插值与折射插值参数,如下图所示。

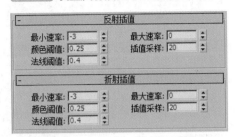

步骤07 创建好的材质球效果如下图所示。

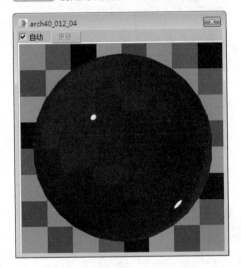

步骤08 将材质指定给物体后的渲染效果如下图所示。

从上面的渲染效果中可以看到,这里我们制作的是带有颜色的茶水效果,如果需要制作无色透明的水材质效果,也可以按照下面的方法进行设置。

步骤01 重新调整反射颜色以及折射烟雾颜色,如下图所示。

步骤02 反射颜色以及折射烟雾颜色设置如下图所示。

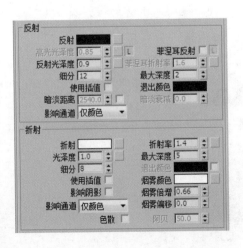

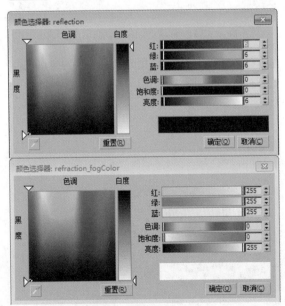

步骤03 重新设置反射插值参数与折射插值参数，如右图所示。

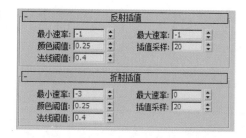

步骤04 重新设置后的水材质效果如下图所示。

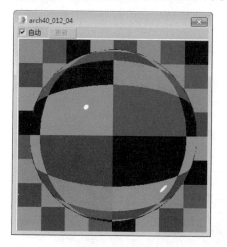

步骤05 重新渲染场景，效果如下图所示。

4.3.2 果汁、冰材质

在表现果汁材质时，要注意表现果汁的颜色及通透效果，在表现其反射时，反射效果会受到果汁本身颜色的影响而产生与其相近的颜色。而冰材质是和玻璃材质类似的透明属性，但是其中又有一些不太透明的结晶，下面将逐步介绍果汁材质和冰材质的制作。

步骤01 按M键打开材质编辑器，选择一个空白材质球，设置为VRayMtl材质类型。然后设置漫反射颜色与反射颜色，再设置反射参数，如下图所示。

步骤02 漫反射颜色及反射颜色设置如下图所示。

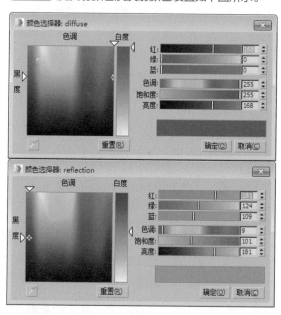

步骤03 设置折射颜色及烟雾颜色，再设置折射参数，如右图所示。

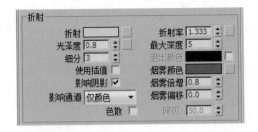

步骤04 折射颜色及折射烟雾颜色参数设置如下图所示。

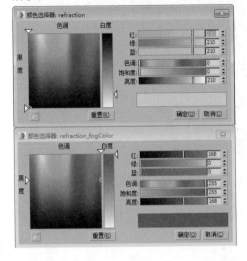

步骤05 在"双向反射分布函数"卷展栏中设置函数类型为"多面"，如下图所示。

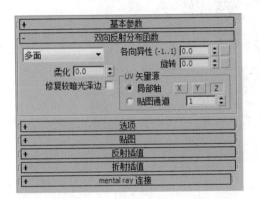

步骤06 在"贴图"卷展栏中为"反射"通道添加细胞贴图，为"凹凸"通道和"置换"通道添加混合贴图，再设置反射值、凹凸值及置换值，如下图所示。

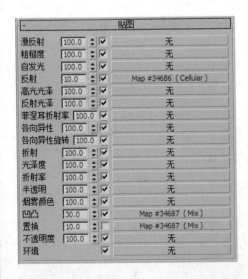

步骤07 进入反射通道的细胞参数设置面板，在"坐标"卷展栏中设置瓷砖X、Y、Z轴的数值，在"细胞参数"卷展栏中设置细胞分界颜色R、G、B值均为190，如下图所示。

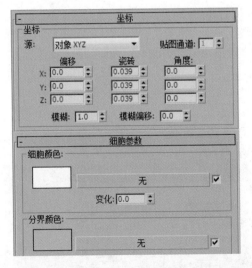

步骤08 进入凹凸通道的混合参数设置面板，为颜色#1添加细胞贴图，为颜色#2添加噪波贴图，设置混合量以及混合曲线的转换值，如下图所示。

步骤09 颜色#1的细胞贴图参数设置同反射通道的细胞贴图参数，进入颜色#2的噪波参数设置面板，参数设置如下图所示。

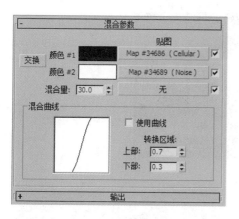

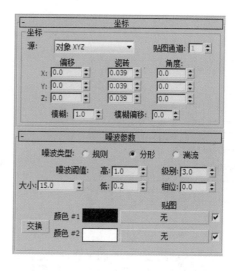

步骤10 置换通道的混合贴图参数设置同凹凸通道，这里不多做介绍。至此，果汁材质创建完成，效果如下图所示。

步骤11 按M键打开材质编辑器，选择一个空白材质球，设置为VRayMtl材质类型。然后设置漫反射颜色及反射颜色，再设置反射参数，如下图所示。

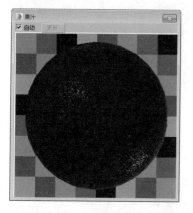

步骤12 漫反射颜色与反射颜色设置如下图所示。

步骤13 设置折射颜色及折射参数，如下图所示。

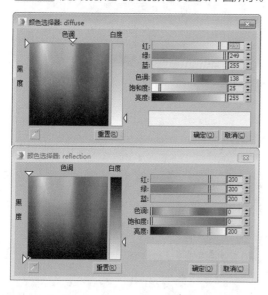

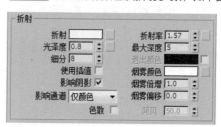

步骤14 折射颜色设置如下图所示。

步骤15 在"选项"卷展栏中取消勾选"雾系统单位比例"选项，如下图所示。

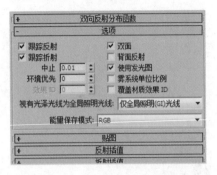

步骤16 创建好的冰材质球效果如下图所示。

步骤17 最后将创建好的果汁材质和冰材质分别指定给相应的物体，渲染后的效果如右图所示。

4.3.3 镜子材质

镜子也是效果图制作中可以经常见到的物体，其材质具有高反射的特性，材质的设置非常简单，具体操作步骤介绍如下。

步骤01 按M键打开材质编辑器，选择一个空白材质球，设置为VRayMtl材质类型。然后设置漫反射颜色与反射颜色，取消勾选菲涅耳反射，如右图所示。

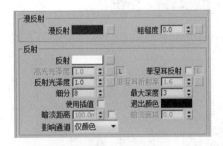

步骤02 漫反射颜色及反射颜色设置如下图所示。

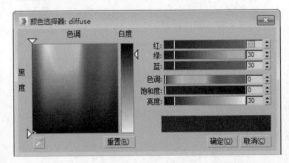

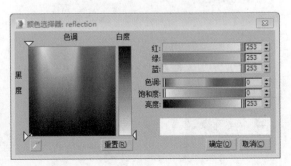

步骤03 创建好的材质球效果如下图所示。

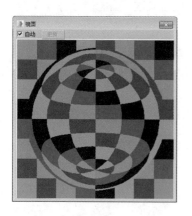

步骤04 将材质指定给场景中的镜子模型，渲染后的效果如下图所示。

4.3.4 塑料材质

塑料材质的设置方法相对简单，主要是如何表现塑料特有的反射、折射效果。下面来介绍一下塑料材质的制作方法。

步骤01 按M键打开材质编辑器，选择一个空白材质球，设置为VRayMtl材质类型。然后设置漫反射颜色与反射颜色，再设置反射参数，如下图所示。

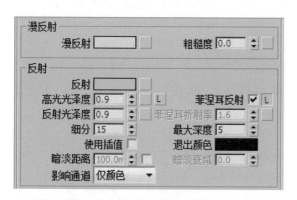

> **知识链接** **菲涅耳反射的作用**
> 菲涅耳反射可根据光线射入的角度来决定材质的反射效果。

步骤03 设置折射颜色及折射参数，如右图所示。

步骤02 漫反射颜色与反射颜色设置如下图所示。

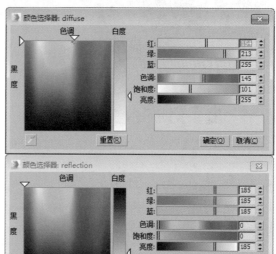

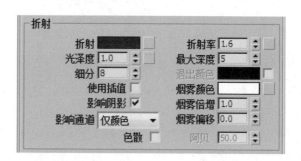

步骤04 折射颜色设置如下图所示。

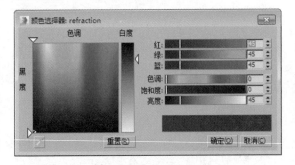

步骤06 创建好的塑料材质效果如下图所示。

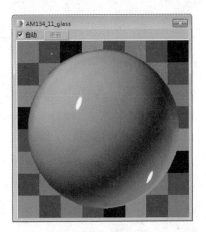

步骤05 在"双向反射分布函数"卷展栏中设置"各向异性"及"旋转"参数，如下图所示。

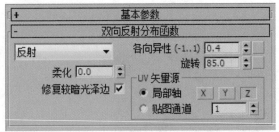

步骤07 将创建好的材质指定给水杯模型，渲染后的效果如下图所示。

4.4 油漆材质的表现

油漆是日常生活中常见的一种材质，油漆材质分为光亮油漆和无光油漆两种。

4.4.1 光亮油漆材质

光亮油漆表面光滑，反射衰减较小，高光小，常用于家具、门窗等。本小节中将利用VRayMtl材质制作光亮油漆材质，操作步骤介绍如下。

步骤01 按M键打开材质编辑器，选择一个空白材质球，设置为VRayMtl材质类型。然后设置漫反射颜色及反射参数，如右图所示。

步骤02 漫反射颜色设置如右图所示。

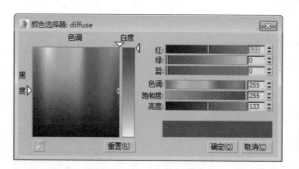

知识链接 **细分参数**

细分参数用来控制光泽度的模糊质量，但是当光泽度参数为1时，细分参数就不起作用。

步骤03 进入"衰减参数"卷展栏，设置衰减类型，如下图所示。

步骤05 将创建好的材质指定给模型对象，渲染效果如右图所示。

知识链接 **反射通道的应用**

给反射通道添加衰减贴图可以使材质的反射效果产生渐变，看上去更加自然。

步骤04 创建好的材质效果如下图所示。

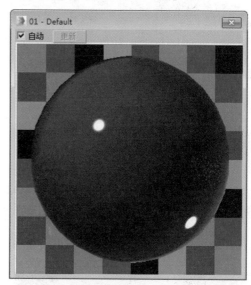

4.4.2 乳胶漆材质

无光油漆涂刷后不光亮，无反光，多用于室内外装饰，比如乳胶漆。乳胶漆材质的设置非常简单，下面介绍操作方法。

步骤01 按M键打开材质编辑器，选择一个空白材质球，设置为VRayMtl材质类型。然后设置漫反射颜色及反射颜色，再设置反射参数，如下图所示。

步骤02 漫反射颜色及反射颜色设置如下图所示。

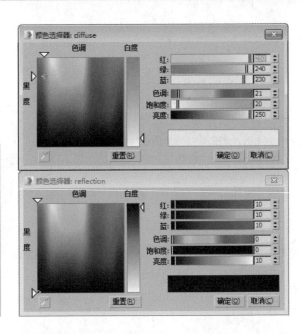

漫反射

漫反射 [____] 粗糙度 [0.0]

反射

反射 [____]
高光光泽度 [0.55] L   菲涅耳反射 □ L
反射光泽度 [0.5]   菲涅耳折射率 [1.6]
细分 [25]   最大深度 [3]
使用插值 □   退出颜色 [____]
暗淡距离 [100.0m]   暗淡衰减 [0.0]
影响通道 [仅颜色 ▼]

步骤03 设置完成的材质效果如下图所示。

步骤04 将创建好的材质指定给墙体模型对象，渲染效果如下图所示。

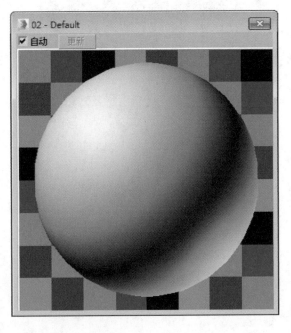

4.5 陶瓷材质的表现

　　陶瓷在室内装饰、装修中使用非常频繁，几乎处处可见，如装饰花瓶、餐具、洁具、瓷砖等。陶瓷材质具有明亮的光泽、表面光洁均匀、晶莹剔透，下面介绍陶瓷材质的设置方法。

步骤01 按M键打开材质编辑器，选择一个空白材质球，设置为VRayMtl材质类型。然后设置漫反射颜色，再设置反射参数，如下图所示。

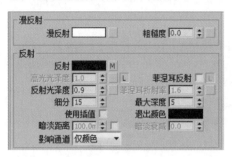

步骤02 漫反射颜色设置如下图所示。

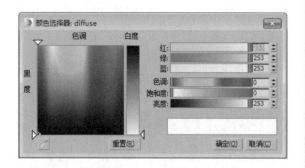

步骤03 为"反射"通道添加衰减贴图，"衰减参数"卷展栏参数设置如下图所示。

步骤04 创建好的陶瓷材质效果如下图所示。

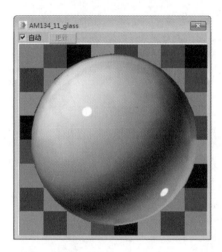

步骤05 再创建其他颜色的陶瓷材质，用户只需要改变漫反射颜色即可，如下图所示。

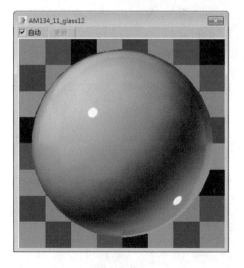

步骤06 将创建好的材质指定给相应的模型对象，渲染效果如下图所示。

进阶案例 制作红酒托盘效果

本案例中将利用VRayMtl材质来制作红酒托盘效果，主要是制作金属材质、玻璃材质、红酒液体材质以及水珠材质，具体操作步骤如下。

01 打开素材文件，如下图所示。

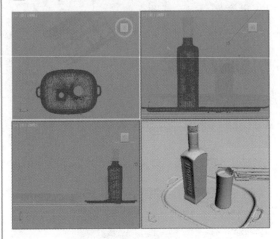

02 制作不锈钢材质。按M键打开材质编辑器，选择一个空白材质球，设置为VRayMtl材质；设置漫反射颜色与反射颜色，并设置反射参数，如下图所示。

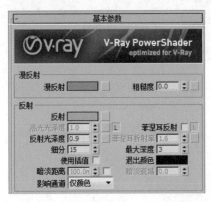

03 漫反射颜色与反射颜色设置如下图所示。

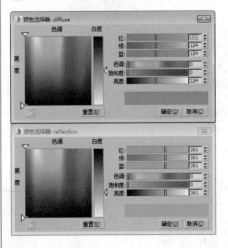

04 创建好的不锈钢材质示例窗效果如下图所示。

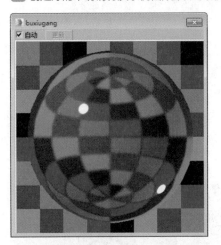

05 将不锈钢材质指定给场景中的托盘模型，如右图所示。

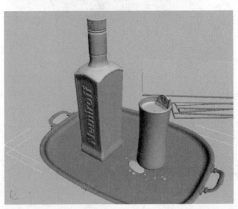

06 制作玻璃材质。选择一个空白材质球，设置为 VRayMtl材质，设置漫反射颜色与折射颜色，为反射通道添加衰减贴图并设置反射参数，再设置折射参数，如下图所示。

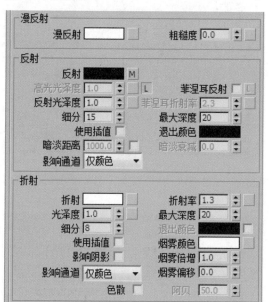

07 漫反射颜色与折射颜色设置如下图所示。

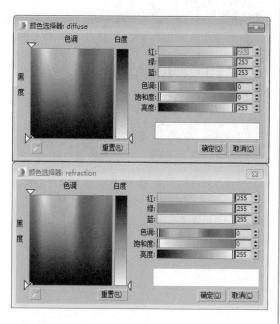

08 打开"衰减参数"卷展栏，设置衰减颜色与衰减类型，如下图所示。

09 衰减颜色设置如下图所示。

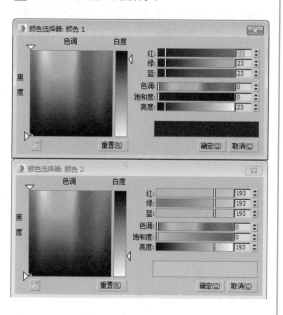

10 创建好的玻璃材质示例窗效果如下图所示。

11 将制作好的玻璃材质指定给瓶子以及杯子模型，如下图所示。

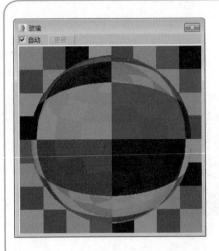

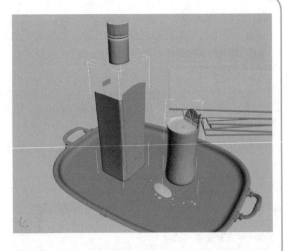

12 创建红酒材质。选择一个空白材质球，设置为 VRayMtl材质，设置漫反射颜色、折射颜色以及烟雾颜色，为反射通道添加衰减贴图并设置反射参数，再设置折射参数，如下图所示。

13 漫反射颜色、折射颜色以及烟雾颜色设置如下图所示。

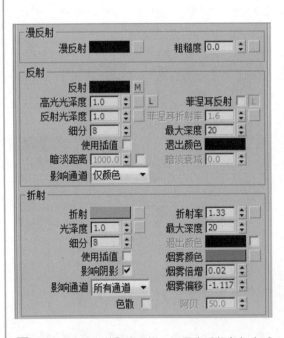

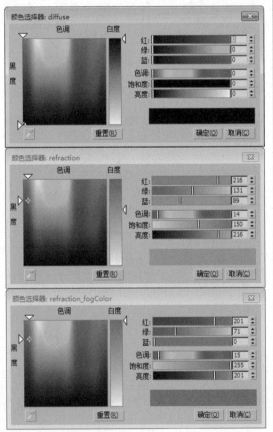

14 打开"衰减参数"卷展栏，设置衰减颜色与衰减类型，如下图所示。

15 衰减颜色设置如下图所示。

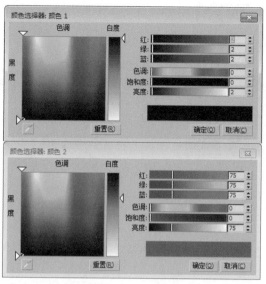

16 将创建好的红酒材质指定给场景中的液体模型，如下图所示。

17 最后创建其他的材质，如冰、柠檬片、吸管、标签、书籍等，并将材质指定给模型对象，如下图所示。

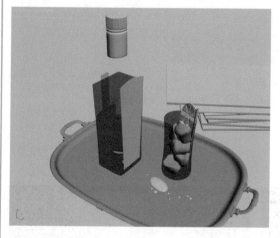

18 最后渲染摄影机视口，最终效果如右图所示。

课后练习

一、选择题

1. 下面属于金属材质的选项为（　　）。
   - A. Blinn
   - B. Phong
   - C. Metal
   - D. Multi-Layer

2. 要实现场景中镜子的反射效果，应在"材质与贴图浏览器"中选择（　　）贴图方式。
   - A. 位图
   - B. 平面镜像
   - C. 水
   - D. 木纹

3. 透明贴图文件的（　　）表示完全透明。
   - A. 白色
   - B. 黑色
   - C. 灰色
   - D. 黑白相间

4. 在默认情况下，渐变色贴图的颜色有（　　）种。
   - A. 1
   - B. 2
   - C. 3
   - D. 4

5. 以下能够显示当前材质球的材质层次结构的是（　　）。
   - A. 依据材质选择
   - B. 材质编辑器选项
   - C. 材质/贴图导航器
   - D. 制作预示动画

二、填空题

1. 亮面不锈钢的反射性很高，主要用于＿＿＿＿＿＿。
2. 在设置玻璃材质时，必须要了解玻璃特有的物理特性，即＿＿＿＿＿＿、＿＿＿＿＿＿、＿＿＿＿＿＿。
3. ＿＿＿＿＿＿在设计中多用于装饰品上，该材质有较亮的光泽和一定的反射，非常有质感。
4. 镜子也是效果图制作中可以经常见到的物体，其材质具有＿＿＿＿＿＿的特性。

三、操作题

用户课后可以尝试创建金属材质及带花纹的瓷器材质，参考实例如下图所示。

Chapter

05

材质表现 II

我们生活中最常见的不外乎以下几种材质：石材、玻璃、布料、金属、木材、壁纸、油漆涂料、塑料、皮革等。前面章节介绍了部分材质的制作，本章将介绍利用贴图表现的材质，如木材质、石材材质、布料、壁纸等。通过本章的学习，读者可以掌握贴图材质的设置技巧。

知识要点

① 木质材质的创建
② 石材材质的创建
③ 织物材质的创建
④ 纸张材质的创建
⑤ 皮革材质的创建

上机安排

学习内容	学习时间
● 木质材质的表现	30分钟
● 石材材质的表现	45分钟
● 织物材质的表现	45分钟
● 纸张材质的表现	15分钟
● 皮革材质的表现	15分钟

5.1 木质材质的表现

本节将对木纹材质、木地板材质、藤编材质的制作进行详细介绍。

5.1.1 木纹材质

木纹材质的表面相对光滑，并有一定的反射。其带有一点凹凸，高光较小。木纹材质属于亮面木材，下面介绍其材质的创建步骤。

步骤01 按M键打开材质编辑器，选择一个空白材质球，设置为VRayMtl材质类型；在"贴图"卷展栏中为漫反射通道和凹凸通道添加位图贴图，再设置凹凸值为10，如下图所示。

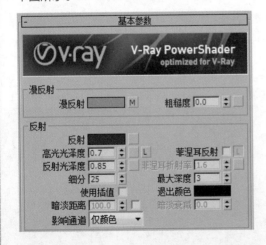

步骤02 添加的木纹理贴图如下图所示。

步骤03 在"基本参数"卷展栏中设置反射颜色以及反射参数值，取消勾选"菲涅耳反射"选项，如下图所示。

步骤04 反射颜色设置如下图所示。

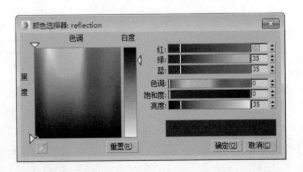

步骤05 创建好的木质材质效果如下图所示。

步骤06 将材质指定给物体后的渲染效果如下图所示。

知识链接 **材质的储存**

当制作完成一个复杂的材质后,用户可以单击材质编辑器中的
"放入库"按钮,将制作好的材质储存起来。

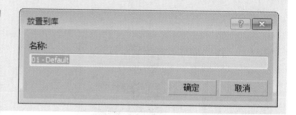

5.1.2 木地板材质

木地板是制作室内效果图时经常会使用到的材质,其难点就在于如何表现模糊反射和凹凸质感。下面来
介绍木地板材质的制作过程。

步骤01 按M键打开材质编辑器,选择一个空白材质
球,设置为VRayMtl材质类型;在"贴图"卷展栏中为
漫反射通道和凹凸通道添加相同的位图贴图,为反射通
道添加衰减贴图,再设置凹凸值为8,如下图所示。

步骤02 漫反射通道及凹凸通道添加的木地板贴图如
下图所示。

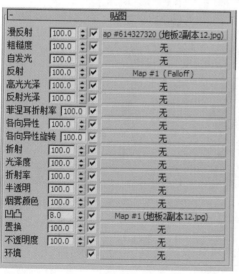

步骤03 在"基本参数"卷展栏中设置反射参数值，取消勾选"菲涅耳反射"选项，如下图所示。

步骤04 进入"衰减参数"卷展栏，设置衰减颜色及衰减类型，如下图所示。

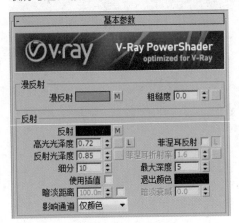

步骤05 衰减颜色设置如下图所示。

步骤06 创建好的木地板材质效果如下图所示。

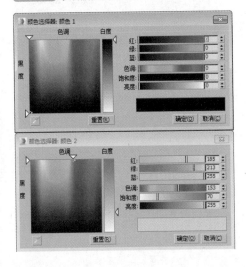

步骤07 将木地板材质指定给物体后的渲染效果如右图所示。

5.1.3 藤编材质

藤编家具由藤条编织而成，其凹凸明显，多有镂空，家具外层涂刷有一层清漆，所以有较大的高光。这里的凹凸纹理就需要通过漫反射通道中的位图贴图来进行表现，具体的制作方法介绍如下。

步骤01 按M键打开材质编辑器，选择一个空白材质球，设置为VRayMtl材质类型，在"贴图"卷展栏中为漫反射通道、高光光泽通道以及不透明度通道各自添加位图贴图，为反射通道添加衰减贴图，设置高光光泽值为30，再为环境通道添加输出贴图，如下图所示。

步骤02 漫反射通道添加的藤编贴图如下图所示。

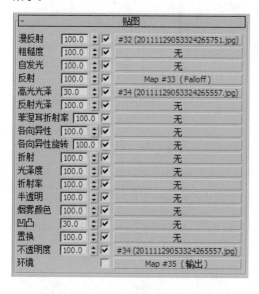

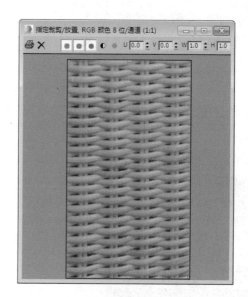

步骤03 高光光泽通道与不透明度通道添加的位图贴图如下图所示。

步骤04 在"基本参数"卷展栏中设置反射参数，如下图所示。

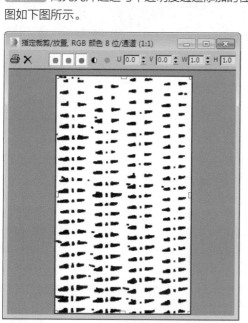

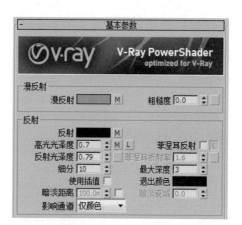

步骤05 进入到"衰减参数"卷展栏，设置衰减颜色以及衰减类型，如下图所示。

步骤06 衰减颜色1设置成了黑色，衰减颜色2设置如下图所示。

步骤07 创建好的藤编材质如下图所示。

步骤08 将藤编材质指定给物体后的渲染效果如下图所示。

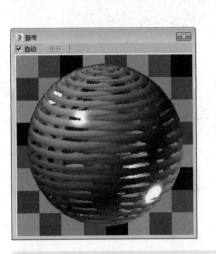

> **知识链接** **凹凸效果的查看**
> 具有凹凸纹理的材质，在视口中不能看到凹凸贴图的效果，用户需要进行渲染才能观察到凹凸效果。

5.2 石材材质的表现

石材根据其表面平滑程度可分为镜面、柔面、凹凸三种，在日常生活中常用到的有瓷砖、大理石、文化石等。

5.2.1 瓷砖材质

瓷砖可以说是室内效果图设计中必备的材质，在大多数的场景中都会用到该材质，有纯色的、具有花纹纹理的等多种。这里介绍纯白色瓷砖材质的制作，具体操作步骤如下。

步骤01 按M键打开材质编辑器，选择一个空白材质球，设置为VRayMtl材质类型，在"贴图"卷展栏中为漫反射通道及凹凸通道添加同样的平铺贴图，设置凹凸值为15，再为反射通道添加衰减贴图，如下图所示。

步骤02 进入平铺贴图设置面板，设置预设类型为"堆栈砌合"，再设置平铺参数及砖缝参数，如下图所示。

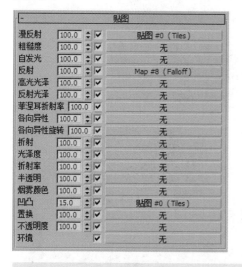

知识链接 制作带有花纹的瓷砖材质时的做法

如果需要制作带有花纹纹理的瓷砖材质，可以在漫反射通道添加位图贴图，或者在平铺贴图设置面板中添加纹理贴图。如果在平铺贴图设置面板中添加了纹理贴图，那么在凹凸通道中的平铺贴图就无须再添加纹理贴图。

步骤03 平铺纹理颜色及砖缝纹理颜色设置如下图所示。

步骤04 再进入到"衰减参数"卷展栏，设置衰减类型，衰减颜色保持默认设置，如下图所示。

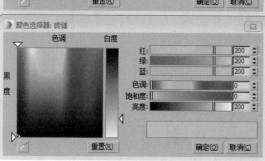

步骤05 返回到"基本参数"卷展栏，设置反射参数，如下图所示。

步骤06 设置好的瓷砖材质球效果如下图所示。

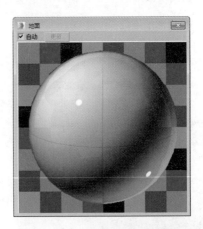

步骤07 将瓷砖材质指定给物体后的渲染效果如右图所示。

知识链接 衰减类型的选择

本例中设置衰减类型为Fresnel，原因是Fresnel是基于折射率的调整。它会在面向视图的曲面上产生暗淡反射，在有角的面上产生较明亮的反射，创建就像在玻璃面上一样的高光。

5.2.2 仿古砖材质

仿古砖的装饰性较强，色彩选择更为丰富，可以很好地运用到各种室内设计中。该材质具有一定的凹凸感和立体感，光泽度较低，反射较弱，下面来介绍材质的制作方法。

步骤01 按M键打开材质编辑器，选择一个空白材质球，设置为VRayMtl材质类型；为漫反射通道和凹凸通道添加相同的位图贴图，再为反射通道添加衰减贴图，设置凹凸值为10，如右图所示。

步骤02 漫反射通道及凹凸通道添加的仿古砖贴图如下左图所示。

步骤03 进入"衰减参数"卷展栏，设置衰减颜色以及衰减类型，如下右图所示。

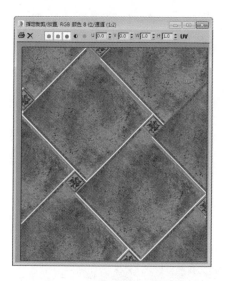

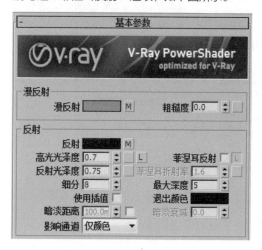

步骤04 衰减颜色设置如下图所示。

步骤05 在"基本参数"卷展栏中设置反射参数，取消勾选"菲涅耳反射"选项，如下图所示。

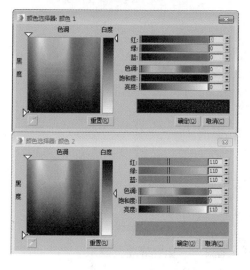

步骤06 创建好的仿古砖材质球效果如下图所示。

步骤07 将材质指定给物体后的渲染效果如下图所示。

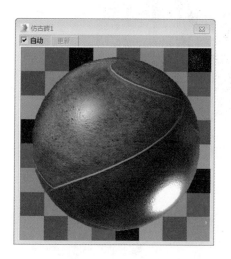

知识链接 **凹凸贴图的使用**

凹凸贴图可以使对象的表面凹凸不平或者呈现不规则形状。用凹凸贴图材质渲染对象时，贴图较明亮的区域看上去被提升，而较暗的区域看上去被降低。

5.2.3 大理石材质

大理石也是室内设计中经常用到的材质类型，该材质主要用于地面、台阶等地方。大理石材质可以分为表面光滑和粗糙两种类型，表面光滑的大理石常用于客厅里的地砖，而在阳台上则常使用表面带有凹凸花纹的大理石地砖。下面介绍大理石材质的制作过程。

步骤01 按M键打开材质编辑器，选择一个空白材质球，设置为VRayMtl材质类型；为漫反射通道添加位图贴图，设置反射颜色以及反射参数，如下图所示。

步骤02 漫反射通道中添加的大理石拼花贴图如下图所示。

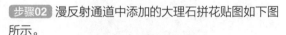

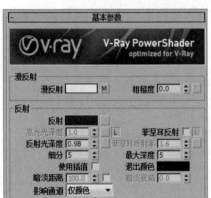

步骤03 反射颜色设置如右图所示。

步骤04 创建好的大理石材质球效果如下左图所示。

步骤05 将材质指定给物体后的渲染效果如下右图所示。

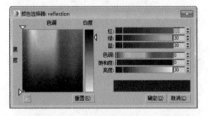

5.2.4 文化石材质

文化石材质的表面非常粗糙并有很明显的凹凸起伏效果，它不具有反射属性，有的文化石还具有一定的纹理效果。下面介绍文化石材质的制作过程。

步骤01 按M键打开材质编辑器，选择一个空白材质球，设置为VRayMtl材质类型；在“贴图”卷展栏中为漫反射通道和凹凸通道添加相同的位图贴图，设置凹凸值为60，如下图所示。

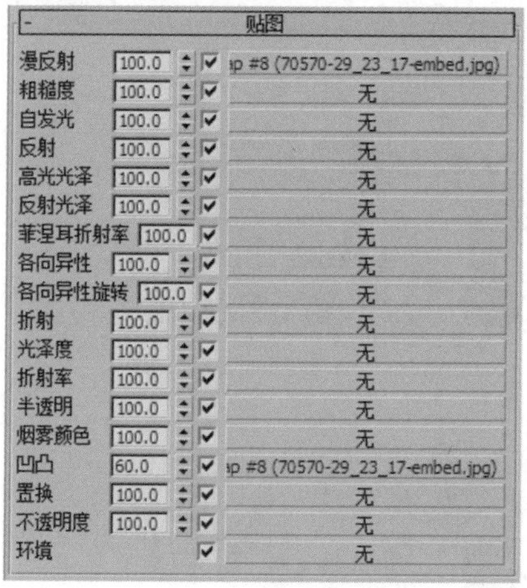

步骤02 漫反射通道以及凹凸通道中添加的贴图如下图所示。

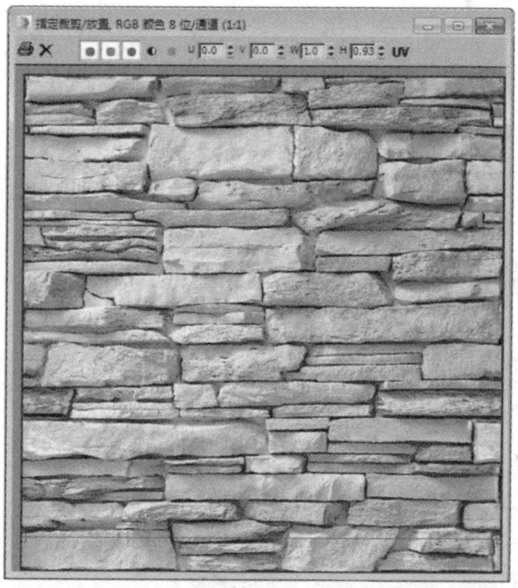

步骤03 在“基本参数”卷展栏中设置反射参数，如下图所示。

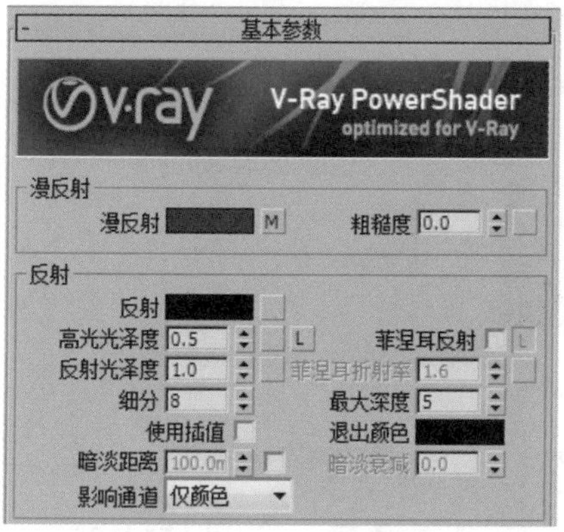

步骤04 在“选项”卷展栏中取消勾选“跟踪反射”选项，再设置中止值，如下图所示。

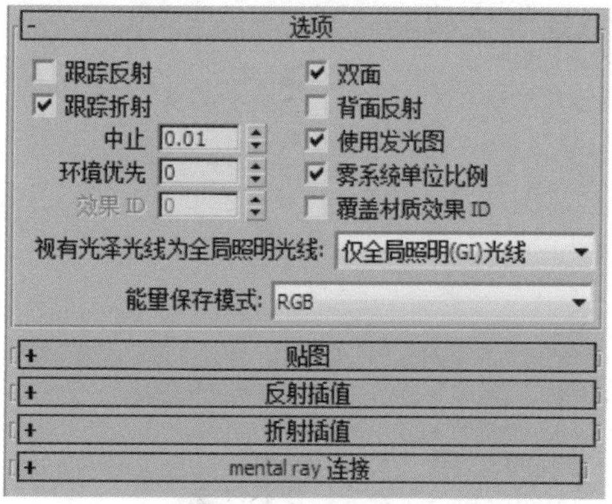

步骤05 创建好的文化石材质球效果如下图所示。

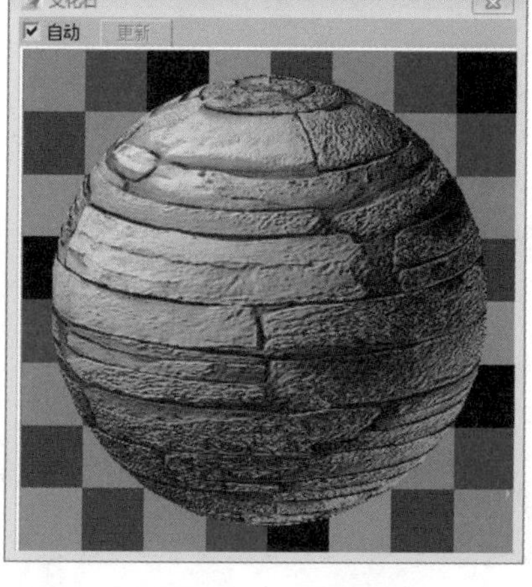

步骤06 将材质指定给物体后的渲染效果如下图所示。

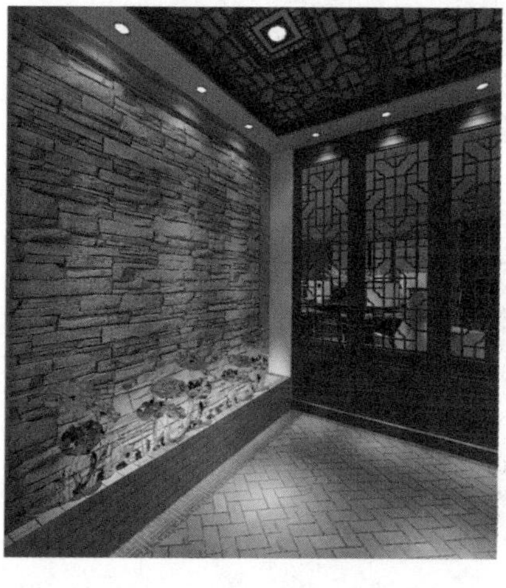

5.2.5 红宝石材质

红宝石的颜色强度就像是燃烧的焦炭，通常为透明至半透明，在光线的照射下会反射出迷人的六射星光或十二射星光。该材质的运用较少，但效果优美，读者可以适当了解其制作方法。

步骤01 按M键打开材质编辑器，选择一个空白材质球，设置为VRayMtl材质类型；设置漫反射颜色与反射颜色，再设置反射参数，如下图所示。

步骤02 漫反射颜色与反射颜色设置如下图所示。

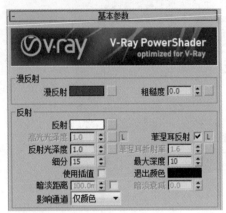

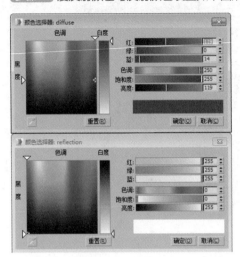

步骤03 设置折射颜色及烟雾颜色，再设置其他折射参数，如下图所示。

步骤04 折射颜色及烟雾颜色设置如下图所示。

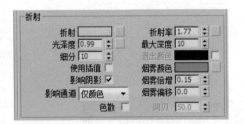

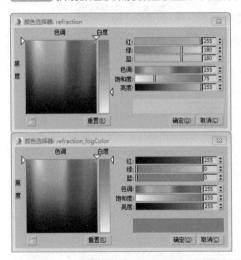

步骤05 创建好的红宝石材质效果如下图所示。

步骤06 将材质指定给物体后的渲染效果如下图所示。

5.3 织物材质的表现

生活中常用的织物有沙发布、毛毯、毛巾、丝绸等，主要是根据其表面的粗糙程度来进行区分的。在表现织物的肌理凹凸效果时，主要是为材质漫反射通道指定一张位图用于模拟织物的肌理效果。由于该材质的纹理凹凸效果比较强烈，可以使用位图贴图来模拟织物的纹理效果。

5.3.1 沙发布材质

沙发布的表面具有较小的粗糙和小反射，表面有丝绒感和凹凸感。下面介绍沙发布材质的制作方法。

步骤01 按M键打开材质编辑器，选择一个空白材质球，设置为VRayMtl材质类型；在"贴图"卷展栏中为漫反射通道添加衰减贴图，为凹凸通道添加位图贴图，并设置凹凸值，如下图所示。

步骤02 进入"衰减参数"卷展栏，为衰减颜色1添加位图贴图，设置衰减类型，如下图所示。

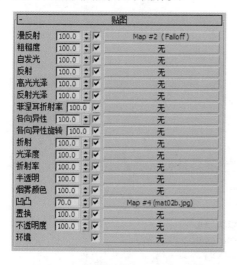

步骤03 衰减面板中添加的布料贴图如下图所示。

步骤04 凹凸通道添加的位图贴图如下图所示。

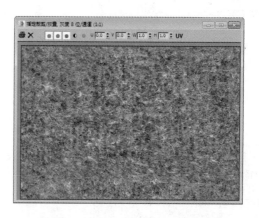

步骤05 创建好的沙发布材质效果如下图所示。

步骤06 将材质指定给物体后的渲染效果如下图所示。

5.3.2 丝绸材质

丝绸材质的表面一般比较光滑，又有金属光泽，高光效果比较明显，并且带有细微的纹理凹凸效果。下面通过实例向读者介绍如何制作丝绸效果。

步骤01 按M键打开材质编辑器，选择一个空白材质球，设置为VRayMtl材质类型；在"贴图"卷展栏中为漫反射通道添加衰减贴图，为凹凸通道添加噪波贴图，设置凹凸值为30，如下图所示。

步骤02 进入"衰减参数"卷展栏，设置衰减颜色，如下图所示。

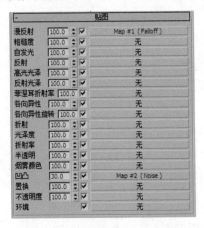

步骤03 衰减颜色参数设置如右图所示。

步骤04 再进入"噪波参数"卷展栏，设置噪波参数，如下图所示。

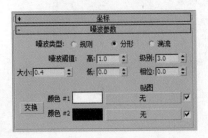

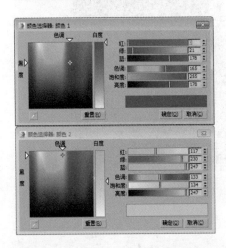

步骤05 返回到"基础参数"卷展栏中，设置反射颜色、反射参数以及折射颜色、折射参数，如下图所示。

步骤06 反射颜色及折射颜色设置如下图所示。

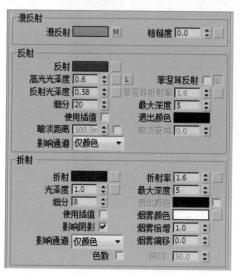

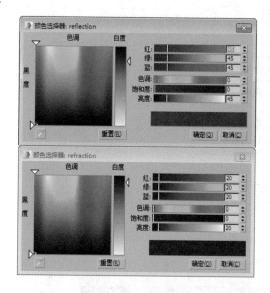

步骤07 创建好的丝绸材质球效果如下图所示。

步骤08 将丝绸材质指定给物体后的渲染效果如下图所示。

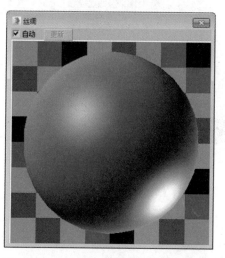

知识链接 菲涅耳反射和菲涅耳折射率

默认状态下，"菲涅耳反射"和"菲涅耳折射率"两个选项是锁定在一起的，可以单击L按钮解除锁定，分别对它们进行设置。

5.3.3 毛巾材质

毛巾材质与其他织物材质的设置一致，为了表现出逼真的毛巾材质，这里我们使用了"贴图"卷展栏中的置换通道。具体的制作过程介绍如下。

步骤01 按M键打开材质编辑器，选择一个空白材质球，设置为VRayMtl材质类型；在"贴图"卷展栏中分别为漫反射通道和置换通道添加位图贴图，并设置置换值，其余设置保持默认，如下图所示。

步骤02 漫反射通道添加的贴图如下图所示。

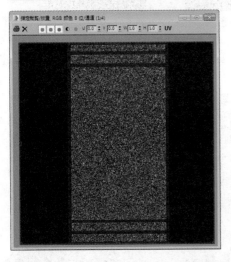

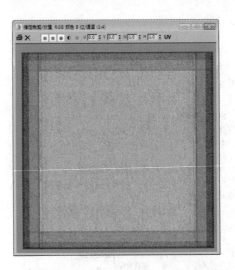

步骤03 置换通道添加的位图贴图如下图所示。

步骤04 创建好的毛巾材质球效果如下图所示。

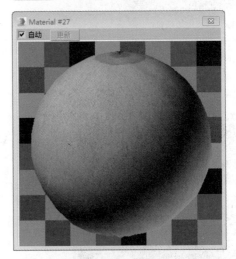

步骤05 将毛巾材质指定给物体后的渲染效果如右图所示。

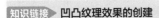

知识链接 **凹凸纹理效果的创建**

3ds Max中置换和凹凸选项都是用于模拟物体凹凸纹理效果的。凹凸通道可以模拟出自然界中各种肌理质感的凹凸效果，在要表现的凹凸较强时，可以使用置换通道对纹理的凹凸进行加强。

5.3.4 地毯材质

地毯材质的创建与其他布料有很多相似的地方，通常在表现地毯时，需要给地毯材质设置一定的凹凸或者置换效果，或者可以为其创建毛发物体来模拟地毯毛茸茸的效果，具体根据地毯的纹理需求来进行制作。下面介绍办公场所常用地毯的材质的制作方法。

步骤01 按M键打开材质编辑器，选择一个空白材质球，设置为VRayMtl材质类型；在"贴图"卷展栏中为漫反射通道和凹凸通道添加相同的位图贴图，如下图所示。

步骤02 漫反射通道以及凹凸通道添加的地毯贴图如下图所示。

		贴图	
漫反射	100.0	✓	Map #5 (2013011169092625.jpg)
粗糙度	100.0	✓	无
自发光	100.0	✓	无
反射	100.0	✓	无
高光光泽	100.0	✓	无
反射光泽	100.0	✓	无
菲涅耳折射率	100.0	✓	无
各向异性	100.0	✓	无
各向异性旋转	100.0	✓	无
折射	100.0	✓	无
光泽度	100.0	✓	无
折射率	100.0	✓	无
半透明	100.0	✓	无
烟雾颜色	100.0	✓	无
凹凸	100.0	✓	Map #6 (2013011169092625.jpg)
置换	100.0	✓	无
不透明度	100.0	✓	无
环境		✓	无

步骤03 创建好的地毯材质效果如下图所示。

步骤04 将材质指定给物体后的渲染效果如下图所示。

5.3.5 纱帘材质

在制作客厅或者卧室的效果图时，很多时候需要表现出窗户位置的效果，这时窗帘的作用就体现出来了。居室常用的窗帘有两种类型，一种是透明度很高的纱窗布料，一种是遮光布料。本小节中要介绍的就是纱窗布料材质的制作，这种材质可以遮挡强烈的室外光源，同时又不会影响室内光线，轻盈飘逸使得空间变得轻松自然。下面介绍纱帘材质的设置方法。

步骤01 按M键打开材质编辑器，选择一个空白材质球，设置为VRayMtl材质类型；在"贴图"卷展栏中为漫反射通道和折射通道添加衰减贴图，再设置凹凸值，如下图所示。

步骤02 进入漫反射衰减设置面板，设置衰减颜色及衰减类型，如下图所示。

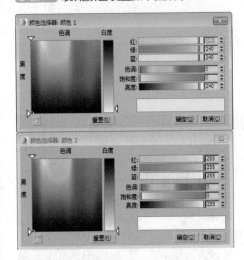

步骤03 衰减颜色设置如下图所示。

步骤04 再进入折射衰减设置面板，设置衰减颜色及衰减类型，如下图所示。

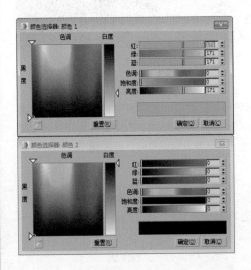

步骤05 衰减颜色设置如下图所示。

步骤06 返回上一级设置面板，设置漫反射颜色、反射参数与折射参数，如下图所示。

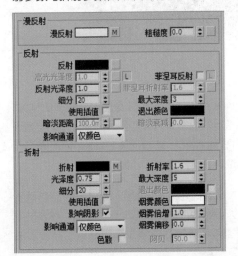

步骤07 漫反射颜色设置如右图所示。

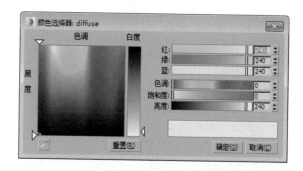

步骤08 创建好的纱窗材质效果如下图所示。

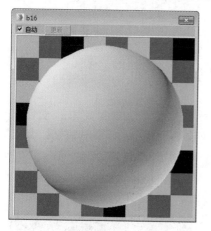

步骤09 将材质指定给物体后的渲染效果如下图所示。

5.4 其他材质的表现

除了前面介绍的各种材质外，常见的还有纸张、皮革等材质。

5.4.1 纸张材质

纸张物体具有一定的光泽度和透明度，根据纸张厚度的不同，在光线照射下其背光部分会出现不同程度的透光现象。下面就来介绍纸张材质的制作方法。

步骤01 按M键打开材质编辑器，选择一个空白材质球，设置为VRayMtl材质类型。为漫反射通道添加位图贴图，设置反射颜色及折射颜色，再设置反射参数，取消勾选"菲涅耳反射"选项，如右图所示。

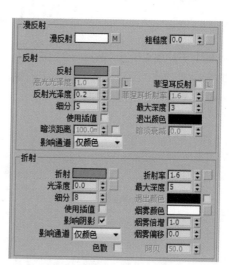

步骤02 为漫反射通道添加的纸张贴图如下图所示。

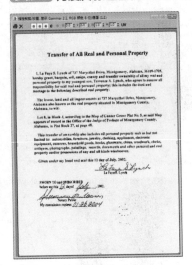

步骤03 反射颜色与折射颜色参数设置如下图所示。

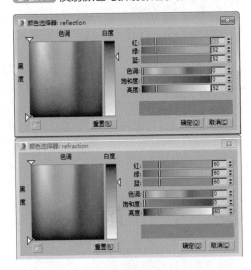

步骤04 创建好的纸张材质球效果如下图所示。

步骤05 将材质指定给物体后的渲染效果如下图所示，可以看到纸张的投影与打印机的投影相比偏浅一些。

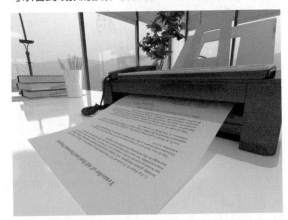

5.4.2 皮革材质

皮革材质具有较柔和的高光和较弱的反射，表面纹理很强，质感清晰。下面介绍该材质的制作方法。

步骤01 按M键打开材质编辑器，选择一个空白材质球，设置为VRayMtl材质类型；设置漫反射颜色和反射颜色，再设置反射参数，如右图所示。

步骤02 漫反射颜色及反射颜色设置如下图所示。

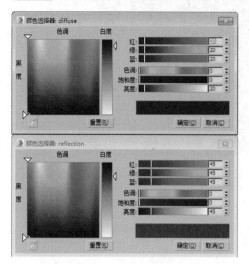

步骤03 在"双向反射分布函数"卷展栏中设置函数类型为"沃德",如下图所示。

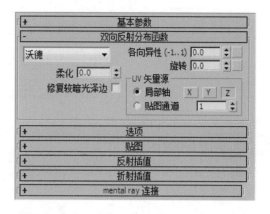

步骤04 在"贴图"卷展栏中为凹凸通道添加位图贴图,并设置凹凸值为55,如下图所示。

步骤05 为凹凸通道添加的位图贴图如下图所示。

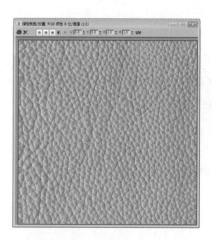

步骤06 单击位图贴图按钮进入"坐标"卷展栏,设置瓷砖的UV向数值,如下图所示。

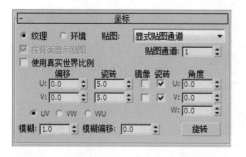

步骤07 创建好的皮革材质球效果如下图所示。

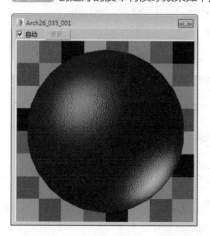

步骤08 将皮革材质指定给物体后的渲染效果如右图所示。

进阶案例 制作书房一角效果

通过前一章和本章的学习，读者基本上可以掌握在室内设计过程中遇到的各种材质的制作技巧。本案例中将利用所学的知识为一个书房场景制作各种材质。具体操作步骤介绍如下。

01 打开素材文件，按M键打开材质编辑器，选择一个空白材质球，设置为VRayMtl材质。设置漫反射颜色为白色，再为漫反射通道添加VR边纹理贴图，进入"VRay边纹理参数"卷展栏，设置纹理颜色以及像素，如下图所示。

02 漫反射颜色及纹理颜色参数设置如下图所示。

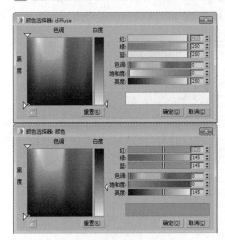

03 按F10键打开渲染设置窗口，展开"全局开关"卷展栏，将创建的材质球拖动到覆盖材质下，如下图所示。

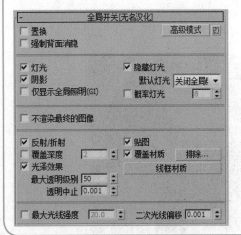

04 渲染场景，线框效果如下图所示。

05 首先制作地面的瓷砖材质。选择一个空白材质球，设置为VRayMtl材质，在"贴图"卷展栏中为漫反射通道添加位图贴图，为反射通道添加衰减贴图，为凹凸通道添加平铺贴图，如下图所示。

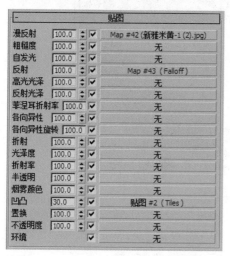

06 漫反射通道添加的瓷砖贴图如下图所示。

07 进入反射通道的"衰减参数"卷展栏，设置衰减颜色及衰减类型，如下图所示。

08 衰减颜色参数设置如下图所示。

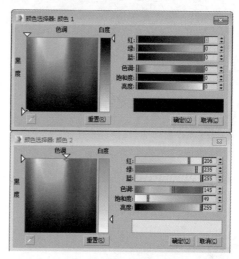

09 进入凹凸通道的平铺参数设置面板，调整平铺的水平数与垂直数，再调整砖缝的水平间距和垂直间距，如右图所示。

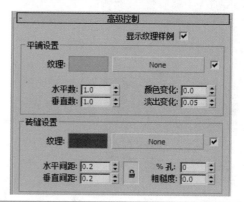

10 返回"基本参数"卷展栏，设置反射参数，取消勾选"菲涅耳反射"选项，如下图所示。

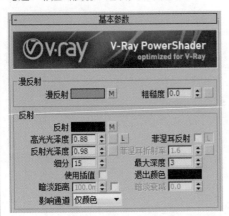

11 创建好的地砖材质球效果如下图所示。

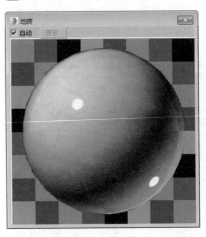

12 将地砖材质指定给地面对象，并添加UVW贴图，取消勾选覆盖材质，渲染场景效果如下图所示。

13 制作木纹理材质。选择一个空白材质球，设置为VRayMtl材质，在"贴图"卷展栏中为漫反射通道添加位图贴图，为反射通道添加衰减贴图，如下图所示。

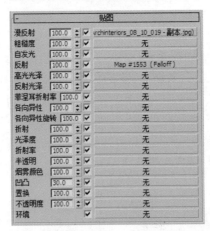

14 漫反射通道添加的木纹理贴图如下图所示。

15 进入"衰减参数"卷展栏，设置衰减类型，如下图所示。

16 返回到"基本参数"卷展栏，设置反射参数，取消勾选"菲涅耳反射"选项，如下图所示。

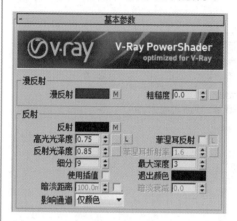

17 创建好的木纹理材质球效果如下图所示。

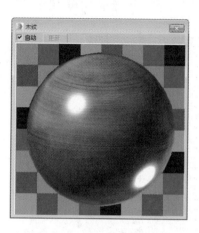

18 将木纹理材质指定给书架及办公台，渲染效果如下图所示。

19 制作落地灯不锈钢材质。选择一个空白材质球，设置为VRayMtl材质，设置漫反射颜色和反射颜色，再设置反射参数，如下图所示。

20 漫反射颜色和反射颜色参数设置如下图所示。

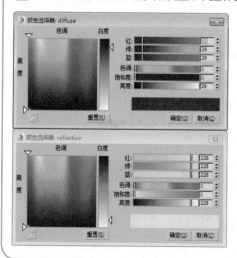

21 创建好的不锈钢材质球效果如下图所示。

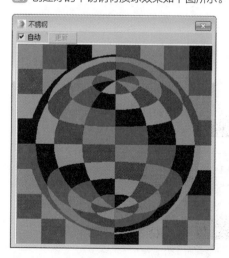

22 选择一个空白材质球，设置为 VRayMtl 材质，在"贴图"卷展栏中为漫反射通道和折射通道分别添加衰减贴图，如下图所示。

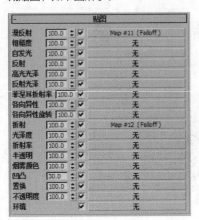

23 进入漫反射通道的"衰减参数"卷展栏，设置衰减颜色和衰减类型，如下图所示。

24 衰减颜色参数设置如下图所示。

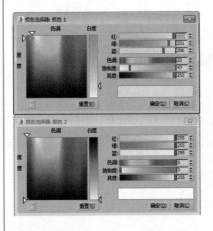

25 进入折射通道的"衰减参数"卷展栏，设置衰减颜色和衰减类型，如下图所示。

26 衰减颜色参数设置如下图所示。

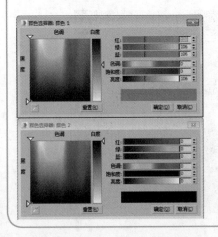

27 返回到"基本参数"卷展栏中设置反射参数与折射参数，如下图所示。

28 在"选项"卷展栏中取消勾选"雾系统单位比例"选项，设置中止值，如下图所示。

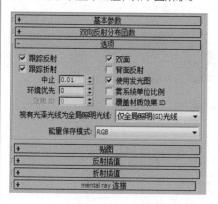

29 创建好的灯罩材质球效果如下图所示。

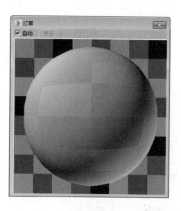

30 将制作好的不锈钢材质和灯罩材质指定给相应的对象，渲染场景效果如下图所示。

31 最后制作椅子材质。选择一个空白材质球，设置为多维/子对象材质，设置子对象数量为3，如下图所示。

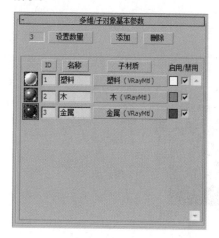

32 首先来设置子材质1，将其命名为"塑料"，设置材质为VRayMtl材质。设置漫反射颜色及反射参数，再为反射通道添加衰减贴图，如下图所示。

33 进入"衰减参数"卷展栏，设置衰减类型，如下图所示。

34 创建好的子材质1材质球效果如下图所示。

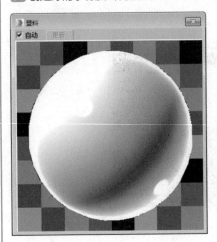

36 反射颜色参数设置如下图所示。

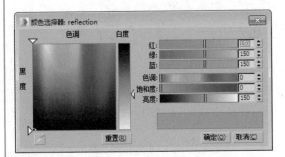

38 所添加的木材质纹理贴图如下图所示。

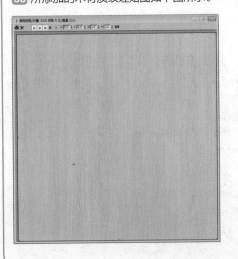

35 接下来设置子材质2，将其命名为"木"，设置为VRayMtl材质。为漫反射通道添加衰减贴图，设置反射颜色及反射参数，如下图所示。

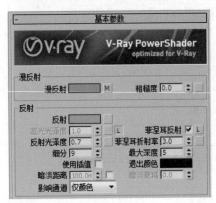

37 进入"衰减参数"卷展栏，为衰减通道添加位图贴图，如下图所示。

39 创建好的子材质2效果如下图所示。

40 设置子材质3，命名为"金属"，设置为VRayMtl 材质。为漫反射通道和反射通道添加衰减贴图，设置反射参数，如下图所示。

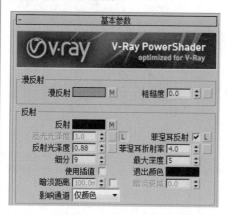

41 进入漫反射通道的"衰减参数"卷展栏，设置衰减颜色，如下图所示。

42 衰减颜色参数设置如下图所示。

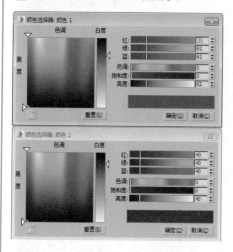

43 进入反射通道的"衰减参数"卷展栏，设置衰减颜色，如下图所示。

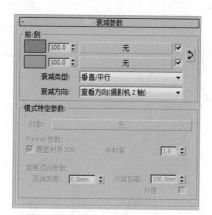

44 衰减颜色参数设置如下图所示。

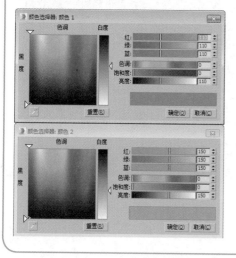

45 创建好的材质3材质球效果如下图所示。

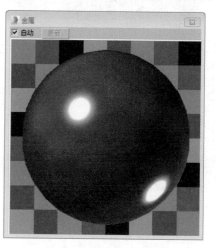

46 将多维/子对象材质指定给椅子模型。首先选择椅子模型，进入"元素"子层级，在"多边形：材质ID"卷展栏中设置ID号为1，则其对应到所创建的子材质1，以此类推，分别为椅子腿和金属连接件设置ID号，对应到多维/子对象材质中的子材质2和子材质3，如右图所示。

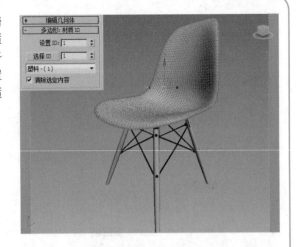

47 最后制作场景中的其他材质，完成整个场景的制作，渲染场景，整体最终效果如下图所示。

课后练习

一、选择题

1. 3ds Max的材质编辑器中最多可以显示的样本球个数为（　　）。

   A. 9　　　　　　　　B. 13

   C. 8　　　　　　　　D. 24

2. 以下不属于3ds Max标准材质中贴图通道的是（　　）。

   A. 凹凸　　　　　　　B. 反射

   C. 漫反射　　　　　　D. 强光

3. 以下对"材质编辑器"描述不正确的是（　　）。

   A. 按字母G键可直接打开材质编辑器

   B. 材质编辑器里默认情况下只能使用24个材质球

   C. 材质编辑器可以对物体进行贴图操作

   D. 材质编辑器可以改变物体的形状和亮度

4. 贴图和材质是两个完全不同的概念，下面不属于材质类型的是（　　）。

   A. 标准　　　　　　　B. 噪波

   C. 建筑　　　　　　　D. 双面

二、填空题

1. 渐变贴图的扩展性非常强，有_____和_____两种类型。

2. 用鼠标单击材质编辑器水平工具栏上的_____按钮，可以将已经设计好的材质赋予场景中所选对象。

3. 材质是指已经出现在场景中的材质，非_____材质是指所有未使用过的材质。

4. 编辑透明材质需要通过_____卷展栏中的"不透明度"参数控制，并在_____卷展栏中设置透明的附加选项。

三、操作题

利用前面所学知识，为会议室模型赋予材质，最终效果如下图所示。

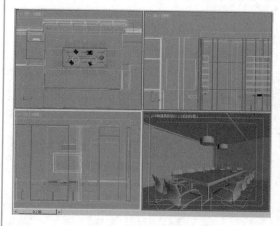 

Chapter

06

玄关场景表现

结合前面章节所学习的知识，本章将通过一个造型复杂、材质种类较多的玄关场景来介绍室内设计中经常用到的一些材质的创建，如乳胶漆材质、大理石材质、多种壁纸材质、木纹理材质、镜子材质、金属材质、金属漆材质以及窗帘布料材质的制作。

知识要点

① 各种材质的创建
② 灯光的设置
③ 测试渲染参数
④ 渲染场景

上机安排

学习内容	学习时间
● 各类材质的创建	60分钟
● 场景灯光的设置	30分钟
● 场景的渲染设置	10分钟

6.1 案例介绍

　　欧式风格的装饰设计以其特有的韵律与特征，为人们所喜爱。这种颇具异域文化色彩的设计风格和装饰形式强调以华丽的装饰、浓烈的色彩、精美的造型达到雍容华贵的装饰效果，在传统东方文化与生活中也得到了越来越多的借鉴和应用。

　　本案例中要表现的是一个华丽欧式风格的玄关场景，其色彩浓烈、造型精美，下图所示为线框效果和最终渲染效果。

　　下图所示的是一些细节的渲染，读者可以近距离观察物体的质感效果。

6.2 设置场景材质

本案例场景中需要表现的材质不少，这里主要介绍几种常见材质的制作。

6.2.1 设置主体材质

首先来设置场景的主体材质，包括地面、墙体、顶面三个部分。

步骤01 设置乳胶漆材质。按M键打开材质编辑器，选择一个空白材质球，设置为VRayMtl材质类型，设置漫反射颜色为白色，如下图所示。

步骤02 创建好的乳胶漆材质球如下图所示。

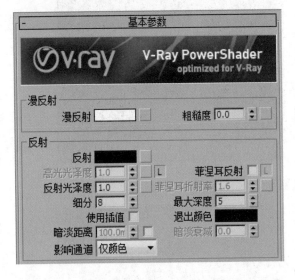

步骤03 设置金箔材质。选择一个空白材质球，设置为混合材质，设置材质1和材质2为VRayMtl材质，为遮罩通道添加位图贴图，再设置"转换区域"上部和下部的值，如下图所示。

步骤04 遮罩通道添加的位图贴图如下图所示。

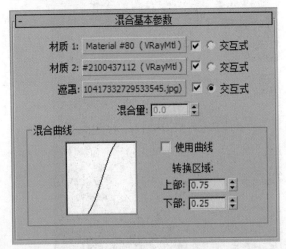

步骤05 进入材质1参数设置面板，设置漫反射颜色和反射颜色，再设置反射参数，如下图所示。

步骤06 漫反射颜色和反射颜色设置如下图所示。

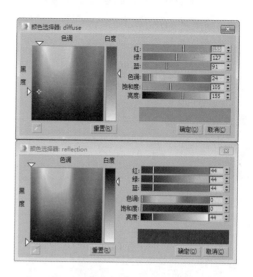

步骤07 进入材质2参数设置面板，设置漫反射颜色和反射颜色，再设置反射参数，如下图所示。

步骤08 漫反射颜色及反射颜色设置参数如下图所示。

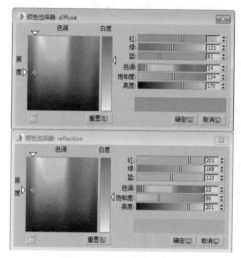

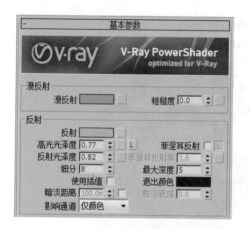

步骤09 创建好的金箔材质球效果如下图所示。

步骤10 设置壁纸1材质。选择一个空白材质球，设置为VRayMtl材质类型，为漫反射通道添加位图贴图，取消勾选"菲涅耳反射"选项，如下图所示。

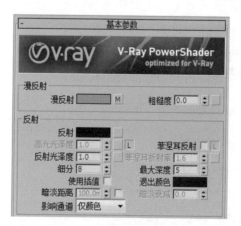

步骤11 漫反射通道添加的壁纸贴图如下图所示。

步骤13 设置壁纸2材质。选择一个空白材质球，设置为混合材质；设置材质1和材质2均为VRayMtl材质，为遮罩通道添加位图贴图，再设置"转换区域"上部和下部的值，如下图所示。

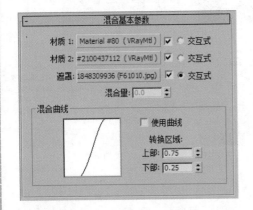

步骤15 进入材质1参数设置面板，设置漫反射颜色，取消勾选"菲涅耳反射"选项，如下图所示。

步骤12 创建好的壁纸材质球效果如下图所示。

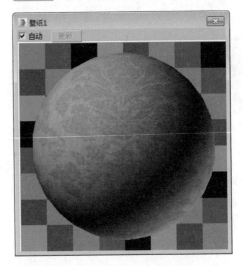

步骤14 遮罩通道添加的位图贴图如下图所示。

步骤16 漫反射颜色设置如下图所示。

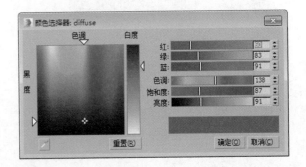

步骤17 进入材质2参数设置面板，设置漫反射颜色与反射颜色，再设置反射参数，如下图所示。

步骤18 漫反射颜色与反射颜色设置如下图所示。

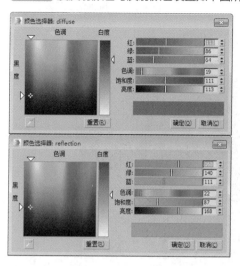

步骤19 为凹凸通道添加位图贴图，贴图文件同前面遮罩通道中的位图贴图。设置完成的壁纸2材质球效果如下图所示。

步骤20 设置木质墙板材质。选择一个空白材质球，设置为VRayMtl材质类型，为漫反射通道添加位图贴图，再设置反射颜色及反射参数，如下图所示。

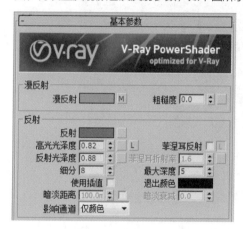

步骤21 漫反射通道添加的位图贴图如下图所示。

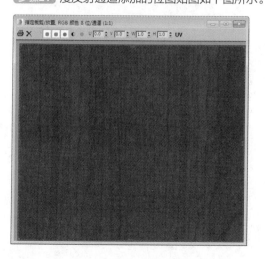

步骤22 反射颜色设置参数如下图所示。

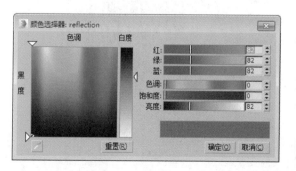

步骤23 创建好的木质墙板材质效果如下图所示。

步骤24 设置墙面石材1材质。选择一个空白材质球，设置为VRayMtl材质类型，为漫反射通道添加位图贴图，再设置反射颜色及反射参数，如下图所示。

步骤25 漫反射通道添加的石材贴图如下图所示。

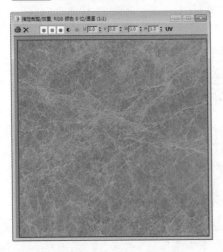

步骤26 反射颜色参数设置如下图所示。

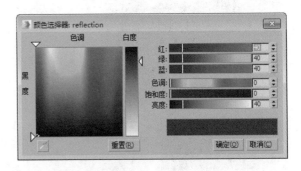

步骤27 创建好的石材1材质球效果如下图所示。

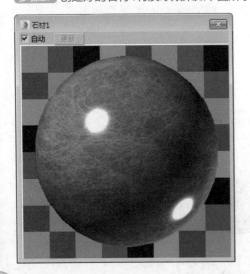

步骤28 设置地面拼花石材材质。选择一个空白材质球，设置为VRayMtl材质类型，为漫反射通道添加位图贴图，再设置反射颜色及反射参数，如下图所示。

步骤29 漫反射通道添加的石材拼花贴图如下图所示。

步骤30 反射颜色设置如下图所示。

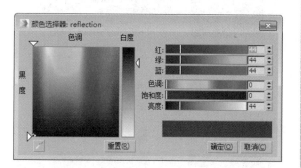

步骤31 创建好的地面拼花石材材质球效果如下图所示。

步骤32 将设置好的各种材质分别指定给场景中的地面、墙面、顶面模型，渲染效果如下图所示。

6.2.2 设置窗帘材质

本场景中的窗帘为欧式罗马窗帘，包括遮光窗帘、流苏、纱帘三个部分的材质，下面介绍材质的制作过程。

步骤01 设置遮光窗帘材质。选择一个空白材质球，设置为VRayMtl材质类型，设置漫反射颜色及反射颜色，再设置反射参数，如右图所示。

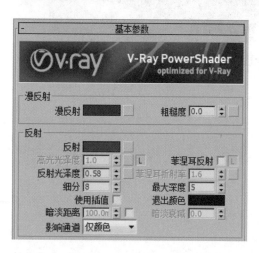

步骤02 漫反射颜色以及反射颜色参数设置如下图所示。

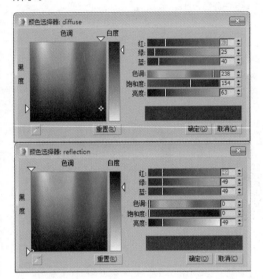

步骤04 创建好的遮光窗帘材质效果如下图所示。

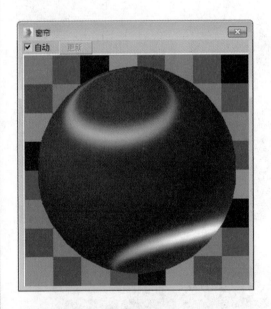

步骤06 折射颜色参数设置如右图所示。

步骤03 在"双向反射分布函数"卷展栏中设置各向异性数值,在"选项"卷展栏中取消勾选"雾系统单位比例"选项并设置中止值,如下图所示。

步骤05 设置纱帘材质。选择一个空白材质球,设置为VRayMtl材质类型;设置漫反射颜色为白色、反射颜色为黑色,取消勾选"菲涅耳反射"选项,再设置折射颜色及折射参数,如下图所示。

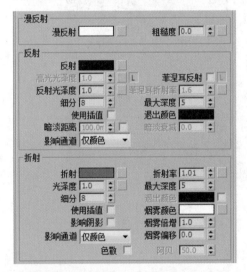

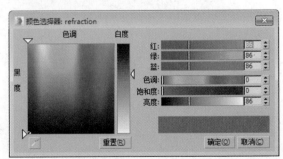

步骤07 在"选项"卷展栏中取消勾选"雾系统单位比例"选项，设置中止值，如下图所示。

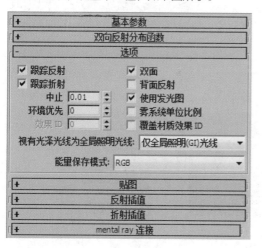

步骤09 设置流苏材质。选择一个空白材质球，设置为VRayMtl材质类型；设置漫反射颜色和反射颜色，再设置反射参数，如下图所示。

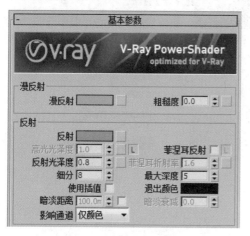

步骤11 设置好的流苏材质球效果如下图所示。

步骤08 创建好的纱帘材质球效果如下图所示。

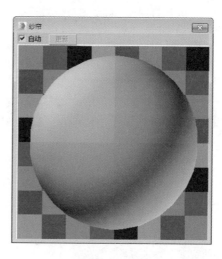

步骤10 漫反射颜色与反射颜色设置如下图所示。

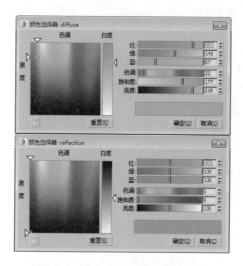

步骤12 将设置好的材质指定给窗帘对象，渲染效果如下图所示。

6.2.3 设置灯具材质

场景中有台灯和吊灯两种灯具。台灯模型由灯罩、灯柱、底座三个部分组成，吊灯由灯罩、支架、挂饰三个部分组成；有微透光的灯罩材质、灯罩内壳材质、金属材质、玻璃材质几种。下面介绍材质的具体制作过程。

步骤01 设置灯罩材质。选择一个空白材质球，设置为VRayMtl材质类型；设置漫反射颜色、反射颜色及折射颜色，再设置反射参数，如下图所示。

步骤02 漫反射颜色、反射颜色及折射颜色参数设置如下图所示。

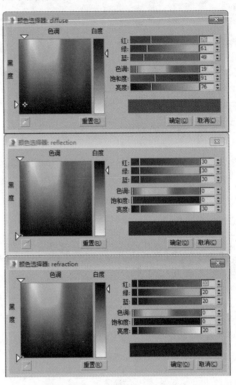

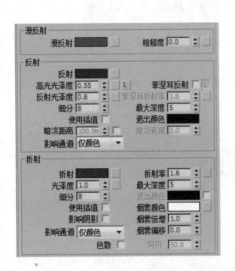

步骤03 在"选项"卷展栏中取消勾选"雾系统单位比例"选项，再设置中止值，如下图所示。

步骤04 设置好的灯罩材质球效果如下图所示。

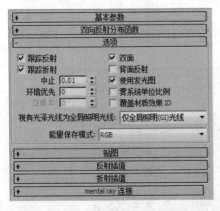

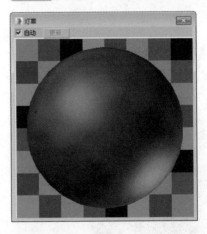

步骤05 设置灯柱金属材质。选择一个空白材质球，设置为VRayMtl材质类型；设置漫反射颜色及反射颜色，再设置反射参数，如下图所示。

步骤06 漫反射颜色及反射颜色设置如下图所示。

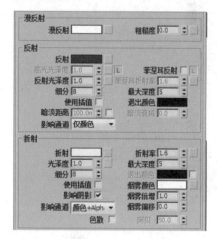

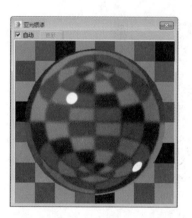

步骤07 创建好的金属材质球效果如下图所示。

步骤08 制作玻璃材质。选择一个空白材质球,设置为VRayMtl材质类型;设置漫反射颜色为白色,设置反射颜色和折射颜色,再设置反射参数与折射参数,如下图所示。

步骤09 反射颜色与折射颜色参数设置如下图所示。

步骤10 创建好的玻璃材质球效果如下图所示。

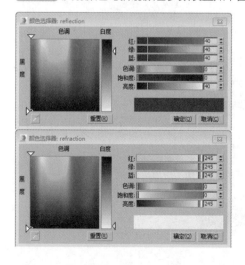

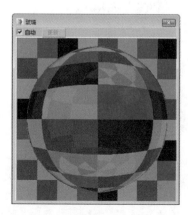

步骤11 将设置好的材质分别指定给台灯模型的各个部位，渲染效果如下图所示。

步骤13 漫反射颜色与反射颜色参数设置如下图所示。

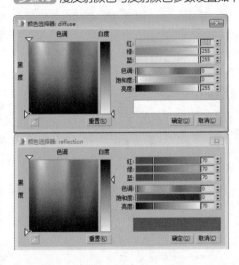

步骤15 设置吊灯玻璃材质。选择一个空白材质球，设置为VRayMtl材质类型，设置反射颜色和折射颜色，再设置反射参数，如下图所示。

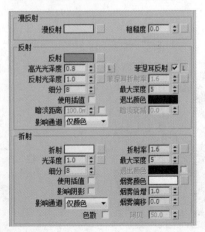

步骤12 设置灯罩内壳材质。选择一个空白材质球，设置为VRayMtl材质类型，设置漫反射颜色及反射颜色，如下图所示。

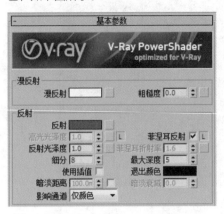

步骤14 创建好的灯罩内壳材质球效果如下图所示。

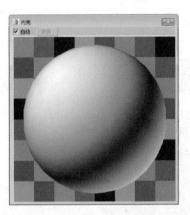

步骤16 反射颜色和折射颜色设置如下图所示。

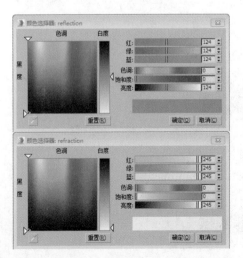

步骤17 创建好的玻璃材质球效果如下图所示。

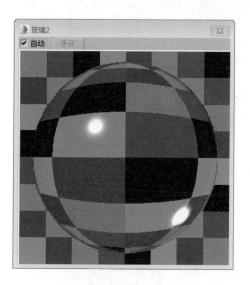

步骤18 将材质指定给吊灯的各个部位，渲染效果如下图所示。

6.2.4 设置装饰镜材质

　　造型古朴华丽的装饰镜是欧式风格中不可缺少的一种，本小节中需要制作的是金属漆材质和镜子材质，下面介绍具体的制作过程。

步骤01 设置金属漆材质。选择一个空白材质球，设置为VRayMtl材质类型；设置漫反射颜色及反射颜色，再设置反射参数，如下图所示。

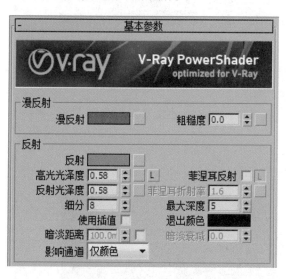

步骤02 漫反射颜色及反射颜色设置如下图所示。

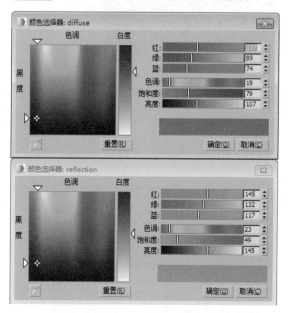

步骤03 创建好的金属漆材质球效果如下图所示。

步骤04 设置镜子材质。选择一个空白材质球，设置为VRayMtl材质类型；设置漫反射颜色和反射颜色都为白色，取消勾选"菲涅耳反射"选项，如下图所示。

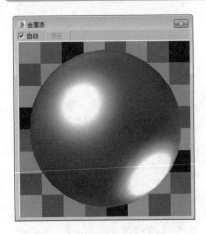

步骤05 设置好的镜子材质球效果如下图所示。

步骤06 将材质指定给装饰镜模型，渲染效果如下图所示。

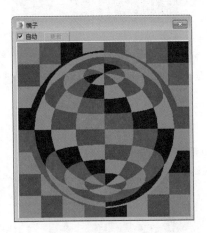

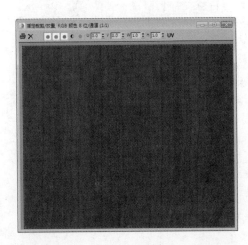

6.2.5 设置边柜材质

本小节制作的是边柜的材质，包括木纹理材质和描金漆材质，其具体的制作过程介绍如下。

步骤01 设置木纹理材质。选择一个空白材质球，设置为VRayMtl材质类型；为漫反射通道添加位图贴图，设置反射颜色及反射参数，如下图所示。

步骤02 漫反射通道添加的木纹贴图如下图所示。

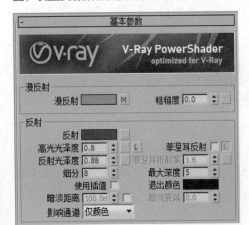

步骤03 反射颜色参数设置如下图所示。

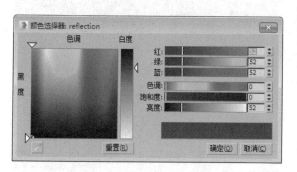

步骤04 创建好的木纹理材质球效果如下图所示。

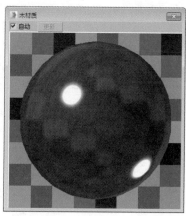

步骤05 设置描金漆材质。选择一个空白材质球，设置为VRayMtl材质类型，设置漫反射颜色与反射颜色，再设置反射参数，如下图所示。

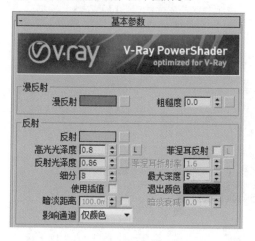

步骤06 漫反射颜色与反射颜色设置如下图所示。

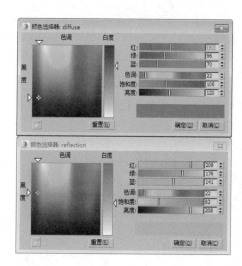

步骤07 为该材质添加VR材质包裹器，设置接收全局照明值，如下图所示。

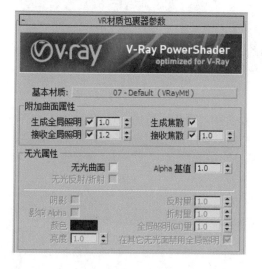

步骤08 设置好的描金漆材质球效果如下图所示。

步骤09 将设置好的材质分别指定给边柜模型的各个部位，渲染效果如右图所示。

6.2.6 设置其他材质

最后还剩下场景中的金属花瓶和盆栽模型，这里需要介绍的是金属花瓶材质的设置以及花盆、绿植材质的设置，下面介绍具体的设置方法。

步骤01 设置花盆材质。选择一个空白材质球，设置为VRayMtl材质类型；设置漫反射颜色与反射颜色，再设置反射参数，如下图所示。

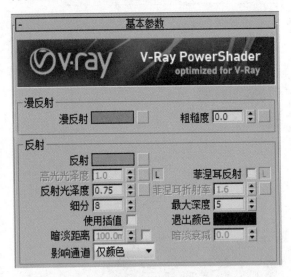

步骤02 漫反射颜色与反射颜色设置如下图所示。

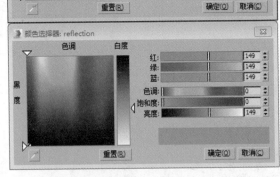

步骤03 设置好的花盆材质球效果如下图所示。

步骤04 设置树皮材质。选择一个空白材质球，设置为VRayMtl材质类型；在"贴图"卷展栏中为漫反射通道和凹凸通道添加位图贴图，设置凹凸值，如下图所示。

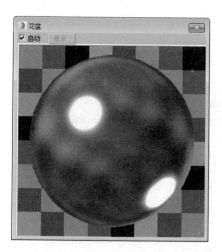

贴图		
漫反射	100.0 ⬦ ✔	Map #2 (Arch41_028_bark.jpg)
粗糙度	100.0 ⬦ ✔	无
自发光	100.0 ⬦ ✔	无
反射	100.0 ⬦ ✔	无
高光光泽	100.0 ⬦ ✔	无
反射光泽	100.0 ⬦ ✔	无
菲涅耳折射率	100.0 ✔	无
各向异性	100.0 ⬦ ✔	无
各向异性旋转	100.0 ⬦ ✔	无
折射	100.0 ⬦ ✔	无
光泽度	100.0 ⬦ ✔	无
折射率	100.0 ⬦ ✔	无
半透明	100.0 ⬦ ✔	无
烟雾颜色	100.0 ⬦ ✔	无
凹凸	200.0 ⬦ ✔	p #3 (Arch41_017_bark_bump.jpg)
置换	100.0 ⬦ ✔	无
不透明度	100.0 ⬦ ✔	无
环境	✔	无

步骤05 漫反射通道和凹凸通道中添加的贴图如下图所示。

步骤06 创建好的树皮材质球效果如下图所示。

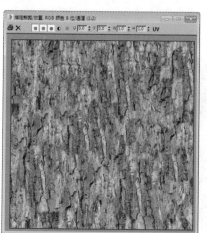

步骤07 设置叶子材质。选择一个空白材质球，设置为VRayMtl材质类型；在"贴图"卷展栏中为漫反射通道和凹凸通道添加位图贴图，设置凹凸值，如下图所示。

步骤08 漫反射通道中添加的贴图如下图所示。

贴图		
漫反射	100.0 ⬦ ✔	Map #39 (Arch41_017_leaf.jpg)
粗糙度	100.0 ⬦ ✔	无
自发光	100.0 ⬦ ✔	无
反射	100.0 ⬦ ✔	无
高光光泽	100.0 ⬦ ✔	无
反射光泽	100.0 ⬦ ✔	无
菲涅耳折射率	100.0 ✔	无
各向异性	100.0 ⬦ ✔	无
各向异性旋转	100.0 ⬦ ✔	无
折射	100.0 ⬦ ✔	无
光泽度	100.0 ⬦ ✔	无
折射率	100.0 ⬦ ✔	无
半透明	100.0 ⬦ ✔	无
烟雾颜色	100.0 ⬦ ✔	无
凹凸	30.0 ⬦ ✔	p #34 (Arch41_017_leaf_bump.jpg)
置换	100.0 ⬦ ✔	无
不透明度	100.0 ⬦ ✔	无
环境	✔	无

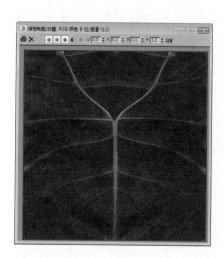

步骤09 凹凸通道中添加的贴图如下图所示。

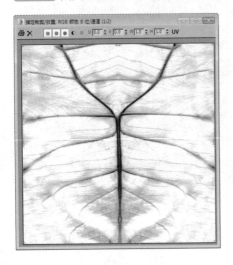

步骤10 在"基本参数"卷展栏中设置反射颜色及反射参数,如下图所示。

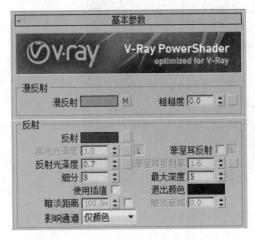

步骤11 反射颜色参数设置如下图所示。

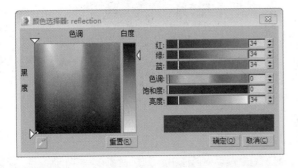

步骤12 创建好的叶子材质球效果如下图所示。

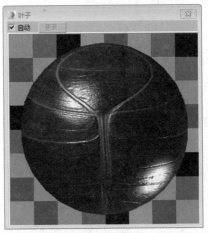

步骤13 将材质指定给模型对象,盆栽的渲染效果如下图所示。

步骤14 设置金属花瓶材质。选择一个空白材质球,设置为VRayMtl材质类型;设置漫反射颜色与反射颜色,再设置反射参数,如下图所示。

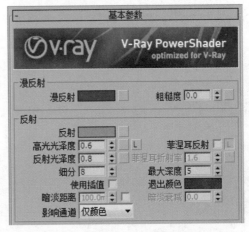

步骤15 漫反射颜色与反射颜色设置如下图所示。

步骤16 创建好的金属花瓶材质球效果如下图所示。

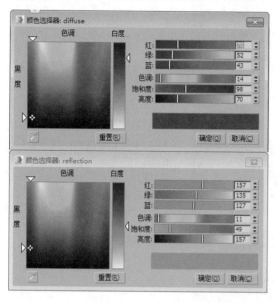

步骤17 将材质指定给花瓶模型，渲染效果如右图所示。

6.3 场景灯光设置及测试渲染

本案例表现的是不受太阳光直射的玄关效果，为了保证室内有充足的光照，这里我们将使用VRay光源来模拟室外天光，在门和窗口位置创建了VRay的面光源来为场景补光。

6.3.1 设置室外光源

下面介绍室外光源的设置步骤。

步骤01 单击VRay光源类型中的VR-灯光按钮，在左视图中创建一盏VRay面光源，调整灯光参数及位置，作为室外主要光源，如下图所示。

步骤02 灯光的具体参数设置如下图所示。

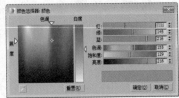

步骤03 复制VR灯光，调整灯光参数及位置，作为补光，如下图所示。

步骤04 灯光的具体参数设置如下图所示。

步骤05 在左视图中创建一盏VRay面光源，调整灯光参数及位置，作为另一侧补光，如下图所示。

步骤06 灯光的具体参数设置如下图所示。

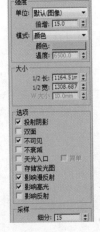

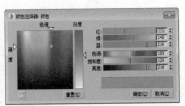

6.3.2 设置室内光源

　　室内有吊灯、台灯、射灯以及墙面造型中的灯带光源，光源种类较多，在表现的时候需要分清主次，下面介绍室内光源的创建过程。

步骤01 首先来制作灯带光源。创建VRay面光源，调整灯光参数，并进行复制，移动到墙面造型中，如下图所示。

步骤02 灯带光源的参数设置如下图所示。

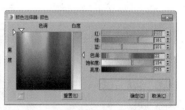

步骤03 接着来创建吊灯光源，这里利用球形VR灯光来进行表现。创建一盏VR灯光，调整好灯光参数并将其移动到吊灯灯罩位置，然后进行实例复制，如下图所示。

步骤04 吊灯灯光的具体参数设置如下图所示。

步骤05 接着创建台灯光源，也是利用球形VR灯光进行表现。复制吊灯位置的灯光到台灯位置，重新调整灯光参数，如下图所示。

步骤06 台灯灯光的具体参数设置如下图所示。

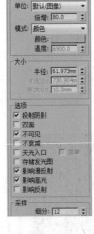

步骤07 创建一盏目标点光源，调整到合适位置并进行实例复制，如下图所示。

步骤08 开启VR-阴影，添加光域网，再设置强度、颜色等参数，如下图所示。

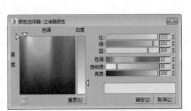

6.3.3 测试渲染设置

灯光和材质都已经创建完毕，这里需要先对场景进行一个测试渲染，下面介绍测试渲染参数的设置。

步骤01 按F10键打开"渲染设置"窗口，在"帧缓冲区"卷展栏下取消勾选"启用内置帧缓冲区"选项，如下图所示。

步骤02 在"图像采样器（抗锯齿）"卷展栏下设置抗锯齿类型和过滤器类型，如下图所示。

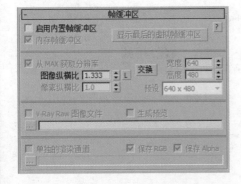
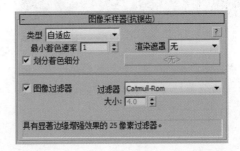

步骤03 开启全局照明，设置二次引擎为"灯光缓存"，如下图所示。

步骤04 在"发光图"卷展栏中设置预设级别为"非常低"，如下图所示。

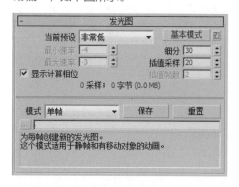

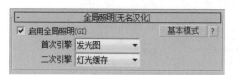

步骤05 在"灯光缓存"卷展栏中设置细分值为400，如下图所示。

步骤06 按F9键对摄影机视图进行快速渲染，测试效果如下图所示。

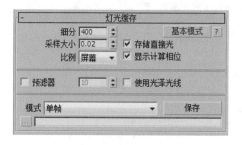

步骤07 观察测试效果，发现存在曝光过度的情况，因此在"颜色贴图"卷展栏中将曝光类型设置为"指数"，如下图所示。

步骤08 再次进行渲染，效果如下图所示，这次得到了满意的效果。

6.4 场景渲染出图

对场景进行测试渲染直到满意之后，就可以正式渲染最终成品图像了，具体步骤如下。

步骤01 打开"全局确定性蒙特卡洛"卷展栏，设置噪波阈值和最小采样值，勾选"时间独立"选项，如下图所示。

步骤02 设置发光图级别为"高"，再设置细分值和插值采样值，如下图所示。

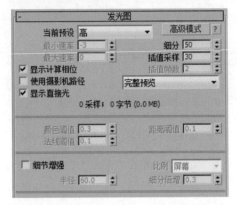

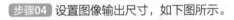

步骤03 在"灯光缓存"卷展栏中设置细分值及插值采样值，如下图所示。

步骤04 设置图像输出尺寸，如下图所示。

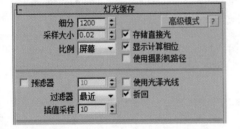

步骤05 渲染最终效果，如右图所示。

Chapter

07

卧室场景表现

本章通过一个卧室效果的制作介绍了壁纸材质、地板材质、不锈钢材质以及各种床品布料材质的制作，另外简要介绍了VR灯光和目标灯光的使用。通过本章的学习，读者可以进一步掌握VRayMtl材质的使用。

知识要点

① 各种材质的创建
② 室内外灯光的设置
③ 测试渲染参数
④ 渲染场景

上机安排

学习内容	学习时间
● 材质的设置	60分钟
● 室内外灯光的设置	20分钟
● 检测模型	10分钟
● 渲染场景	10分钟

7.1 案例介绍

　　本案例要表现的是一个简欧风格的卧室场景，其采用了碎花墙纸和深色家具，体现了较好的质感，显得沉稳大气。下图所示为卧室场景的线框效果和最终渲染效果。

　　下图所示的是一些细节的渲染，读者可以近距离观察物体的质感效果。

7.2 设置场景材质

本案例场景中需要表现的材质不少，这里主要介绍几种常见材质的制作。

7.2.1 设置主体材质

首先来设置场景的主体材质，包括地面、墙体、顶面三个部分。

步骤01 设置乳胶漆材质。按M键打开材质编辑器，选择一个空白材质球，设置为VR-材质包裹器材质；设置基本材质为VRayMtl材质类型，再设置接收全局照明值为1.3，如下图所示。

步骤02 进入VRayMtl材质设置面板，设置漫反射颜色为白色，如下图所示。

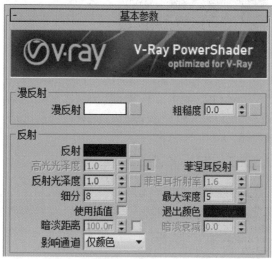

步骤03 创建好的乳胶漆材质球效果如下图所示。

步骤04 设置壁纸材质。选择一个空白材质球，设置为VRayMtl材质类型；为漫反射通道添加位图贴图，取消勾选"菲涅耳反射"选项，如下图所示。

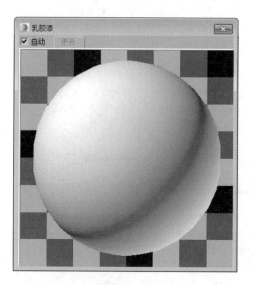

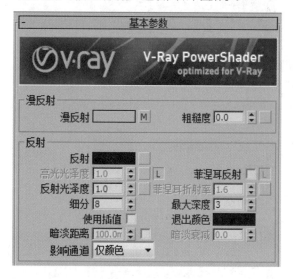

步骤05 漫反射通道添加的位图贴图如下图所示。

步骤06 创建好的壁纸材质球效果如下图所示。

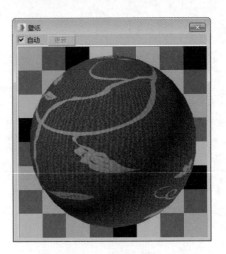

步骤07 设置地板材质。选择一个空白材质球，设置为VRayMtl材质类型；在"贴图"卷展栏中为漫反射通道添加位图贴图，为反射通道添加衰减贴图，如下图所示。

步骤08 漫反射通道添加的位图贴图如下图所示。

贴图			
漫反射	100.0	✓	Map #12 (A-A-016.TIF)
粗糙度	100.0	✓	无
自发光	100.0	✓	无
反射	100.0	✓	Map #13（Falloff）
高光光泽	100.0	✓	无
反射光泽	100.0	✓	无
菲涅耳折射率	100.0	✓	无
各向异性	100.0	✓	无
各向异性旋转	100.0	✓	无
折射	100.0	✓	无
光泽度	100.0	✓	无
折射率	100.0	✓	无
半透明	100.0	✓	无
烟雾颜色	100.0	✓	无
凹凸	30.0	✓	无
置换	100.0	✓	无
不透明度	100.0	✓	无
环境		✓	无

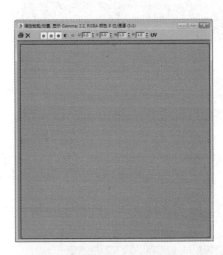

步骤09 进入反射通道的衰减设置面板，设置衰减颜色和衰减类型，如下图所示。

步骤10 衰减颜色设置如下图所示。

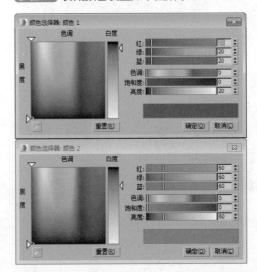

步骤11 返回到基本参数设置面板，设置反射参数，如下图所示。

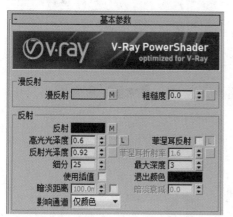

步骤12 创建好的地板材质球效果如下图所示。

步骤13 将设置好的材质指定给场景中的顶面、墙面和地面，渲染场景效果如右图所示。

7.2.2 设置办公桌椅材质

本场景中的办公桌椅造型简单大方，主要包含黑色烤漆和不锈钢两种材质，另外还有办公椅轮子上的黑色塑料材质，下面介绍材质的制作过程。

步骤01 设置黑色烤漆材质。选择一个空白材质球，设置为VRayMtl材质类型；在"贴图"卷展栏中为漫反射通道添加位图贴图，为反射通道添加衰减贴图，如下图所示。

步骤02 漫反射通道添加的位图贴图如下图所示。

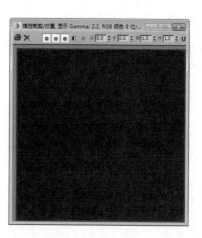

步骤03 进入反射通道的衰减参数设置面板,设置衰减颜色和衰减类型,如下图所示。

步骤04 衰减颜色设置,如下图所示。

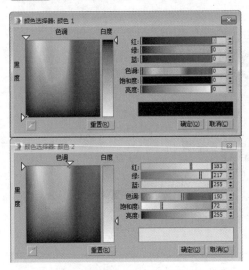

步骤05 返回到基本参数设置面板,设置反射参数,如下图所示。

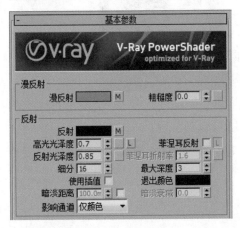

步骤06 创建好的黑色烤漆材质效果如下图所示。

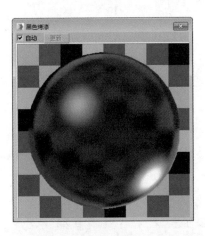

步骤07 设置不锈钢材质。选择一个空白材质球,设置为VRayMtl材质类型;设置漫反射颜色与反射颜色,再设置反射参数,如下图所示。

步骤08 漫反射颜色及反射颜色设置如下图所示。

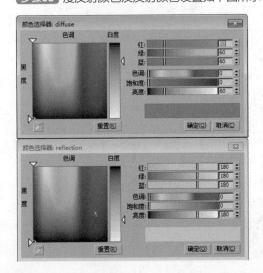

步骤09 设置好的不锈钢材质球效果如下图所示。

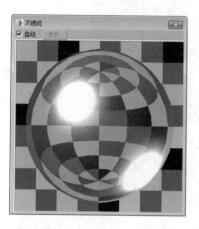

步骤10 设置黑色塑料材质。选择一个空白材质球，设置为VRayMtl材质类型；设置漫反射颜色与反射颜色，再设置反射参数，如下图所示。

步骤11 漫反射颜色与反射颜色设置如下图所示。

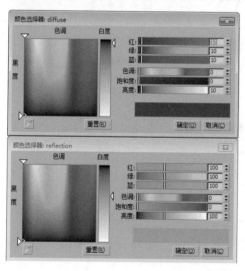

步骤12 设置好的黑色塑料材质效果如下图所示。

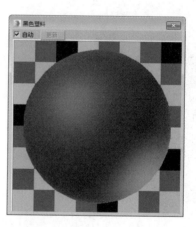

步骤13 设置抱枕材质。选择一个空白材质球，设置为VRayMtl材质类型；为漫反射通道添加衰减贴图，其余设置保持默认，如下图所示。

步骤14 进入衰减参数设置面板，为两个通道添加位图贴图，如下图所示。

步骤15 两个通道添加的位图贴图如下图所示。

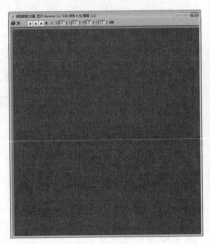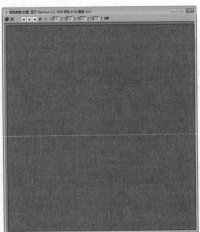

步骤16 创建好的抱枕材质球效果如下图所示。

步骤17 设置坐垫材质。选择一个空白材质球，设置为VRayMtl材质类型；为漫反射通道添加位图贴图，为反射通道添加衰减贴图，如下图所示。

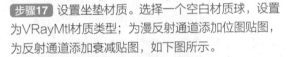

贴图			
漫反射	100.0	✓	Map #21 (43806 副本 1a.jpg)
粗糙度	100.0	✓	无
自发光	100.0	✓	无
反射	100.0	✓	Map #22（Falloff）
高光光泽	100.0	✓	无
反射光泽	100.0	✓	无
菲涅耳折射率	100.0	✓	无
各向异性	100.0	✓	无
各向异性旋转	100.0	✓	无
折射	100.0	✓	无
光泽度	100.0	✓	无
折射率	100.0	✓	无
半透明	100.0	✓	无
烟雾颜色	100.0	✓	无
凹凸	30.0	✓	无
置换	100.0	✓	无
不透明度	100.0	✓	无
环境		✓	无

步骤18 为漫反射通道添加的位图贴图如下图所示。

步骤19 进入衰减参数设置面板，设置衰减颜色及类型，如下图所示。

步骤20 衰减颜色设置如下图所示。

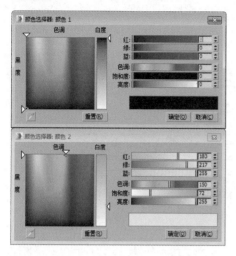

步骤22 设置好的坐垫材质球效果如下图所示。

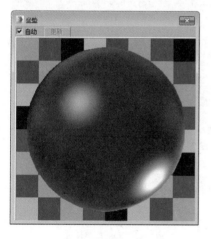

步骤21 返回到基本参数设置面板，设置反射参数，如下图所示。

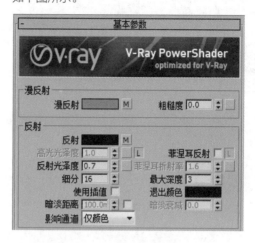

步骤23 将创建好的材质分别指定给办公桌和办公椅模型，渲染效果如下图所示。

7.2.3 设置电脑及周边材质

场景中办公桌上有电脑一套，有显示器、键盘鼠标、音箱、耳机，还有不锈钢支架式台灯，包括显示器、键鼠的白色塑料材质、耳机的黑色钢琴烤漆材质以及台灯的磨砂不锈钢材质，下面介绍具体的制作过程。

步骤01 设置白色塑料材质。选择一个空白材质球，设置为VRayMtl材质类型；设置漫反射颜色、反射颜色，再设置反射参数，如右图所示。

步骤02 漫反射颜色与反射颜色参数设置如下左图所示。

步骤03 在"双向反射分布函数"卷展栏中设置各向异性数值，如下右图所示。

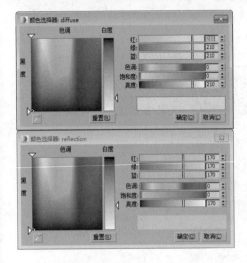

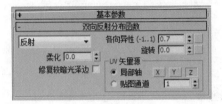

步骤04 设置好的白色塑料材质球效果如下图所示。

步骤05 设置显示器屏幕材质。选择一个空白材质球，设置为VRayMtl材质类型；在"贴图"卷展栏中为漫反射通道添加位图贴图，为反射通道添加衰减贴图，如下图所示。

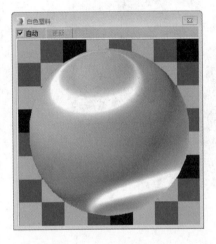

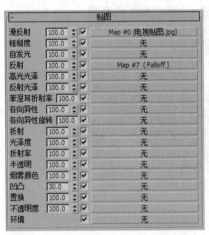

步骤06 为漫反射通道添加的贴图如下图所示。

步骤07 在反射通道的衰减参数设置面板中设置衰减类型，如下图所示。

步骤08 返回到基本参数设置面板，设置反射参数，如下图所示。

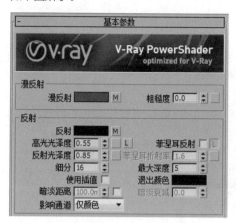

步骤10 设置磨砂不锈钢材质。选择一个空白材质球，设置为VRayMtl材质类型；设置漫反射颜色和反射颜色，再设置反射参数，如下图所示。

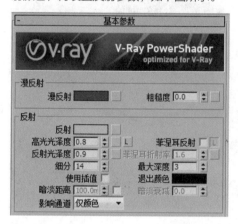

步骤12 创建好的磨砂不锈钢材质效果如下图所示。

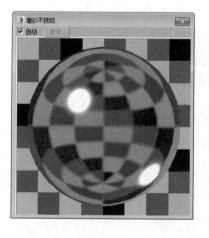

步骤09 创建好的显示器屏幕材质效果如下图所示。

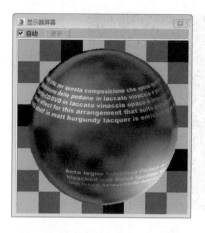

步骤11 漫反射颜色与反射颜色参数设置如下图所示。

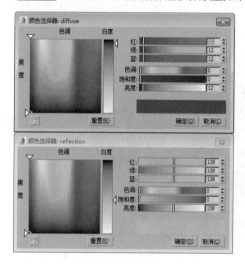

步骤13 制作耳机材质。选择一个空白材质球，设置为VRayMtl材质类型；为漫反射通道添加位图贴图，再设置反射颜色和反射参数，如下图所示。

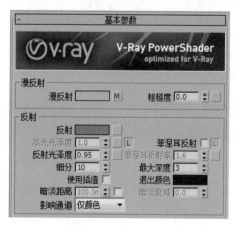

步骤14 为漫反射通道添加的位图贴图如下图所示。

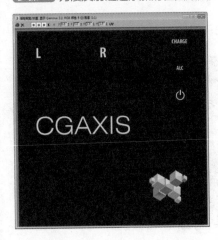

步骤15 反射颜色参数设置如下图所示。

步骤16 创建好的耳机材质效果如下图所示。

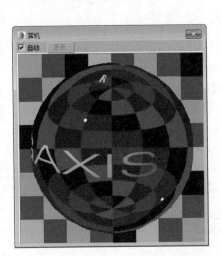

步骤17 将材质指定给电脑、键盘、耳机等模型，渲染效果如下图所示。

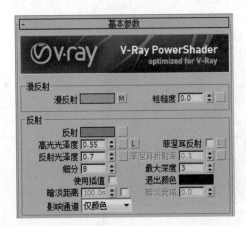

7.2.4 设置台灯及装饰品材质

这里要制作台灯、盆栽以及摆件的材质，主要是台灯灯罩材质、灯柱材质、白瓷材质以及植物的材质，下面介绍具体的制作过程。

步骤01 设置台灯柱材质。选择一个空白材质球，设置为VRayMtl材质类型，为漫反射通道添加位图贴图，设置反射颜色及反射参数，如右图所示。

步骤02 漫反射通道添加的位图贴图如下左图所示。

步骤03 反射颜色参数设置如下右图所示。

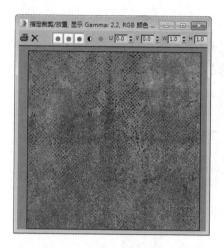

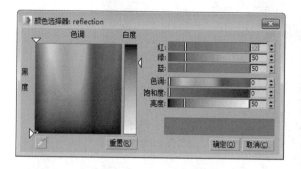

步骤04 设置好的台灯柱材质球如下图所示。

步骤05 设置灯罩材质。选择一个空白材质球，设置为VRayMtl材质类型，设置漫反射颜色与折射颜色，取消菲涅耳反射，再设置折射参数，如下图所示。

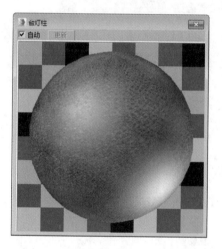

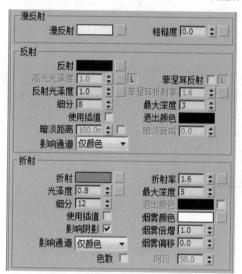

步骤06 漫反射颜色和折射颜色参数设置如右图所示。

步骤07 设置好的灯罩材质球效果如下左图所示。

步骤08 设置白瓷材质。选择一个空白材质球，设置为VRayMtl材质类型，设置漫反射颜色，为反射通道添加衰减贴图，如下右图所示。

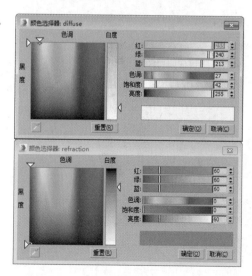

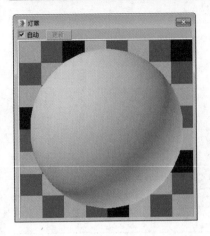

漫反射颜色参数设置如下图所示。

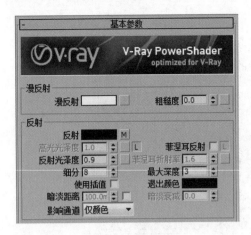

步骤10 进入衰减参数设置面板，设置衰减类型，如下图所示。

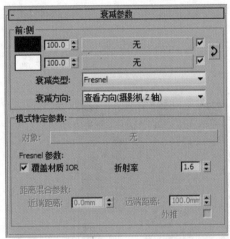

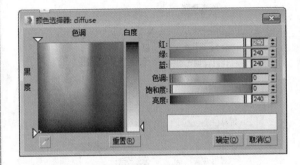

步骤11 设置好的白瓷材质球效果如下图所示。

步骤12 设置植物材质。选择一个空白材质球，设置为VRayMtl材质类型，为漫反射通道添加位图贴图，设置反射颜色及参数，如下图所示。

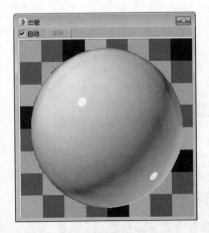

步骤13 漫反射通道中添加的位图贴图如下图所示。

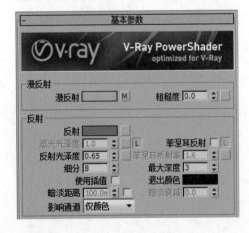

步骤14 反射颜色参数设置如下图所示。

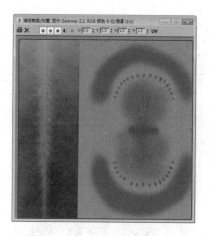

步骤15 设置好的植物材质球效果如下图所示。

步骤16 将创建好的材质分别指定给台灯及装饰品，渲染效果如下图所示。

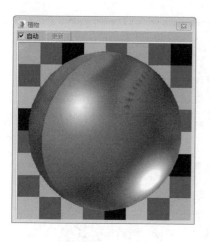

7.2.5 设置床品布艺材质

本小节要制作的是床上用品的材质，如抱枕、床罩，抱枕又包含多种布料材质，下面介绍具体的制作过程。

步骤01 设置抱枕2材质。选择一个空白材质球，设置为VRayMtl材质类型，在"贴图"卷展栏中为漫反射通道添加衰减贴图，为凹凸通道添加细胞贴图，设置凹凸值为20，如右图所示。

步骤02 进入漫反射通道的衰减参数设置面板，为衰减通道1添加位图贴图，再设置衰减颜色2，设置衰减类型，如下左图所示。

步骤03 为衰减通道添加的位图贴图如下右图所示。

-	贴图	
漫反射	100.0 ‡ ✓	Map #26 (Falloff)
粗糙度	100.0 ‡ ✓	无
自发光	100.0 ‡ ✓	无
反射	100.0 ‡ ✓	无
高光光泽	100.0 ‡ ✓	无
反射光泽	100.0 ‡ ✓	无
菲涅耳折射率	100.0 ✓	无
各向异性	100.0 ‡ ✓	无
各向异性旋转	100.0 ‡ ✓	无
折射	100.0 ‡ ✓	无
光泽度	100.0 ‡ ✓	无
折射率	100.0 ‡ ✓	无
半透明	100.0 ‡ ✓	无
烟雾颜色	100.0 ‡ ✓	无
凹凸	20.0 ‡ ✓	贴图 #5 (Cellular)
置换	100.0 ‡ ✓	无
不透明度	100.0 ‡ ✓	无
环境	✓	无

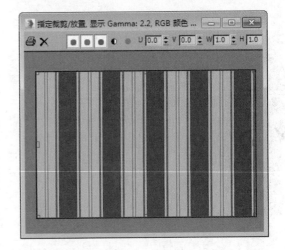

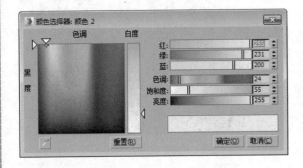

步骤04 衰减颜色2参数设置如下图所示。

步骤05 进入凹凸通道的细胞贴图参数设置面板，设置细胞特性，如下图所示。

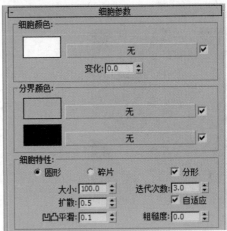

步骤06 设置好的抱枕2材质球如下图所示。

步骤07 设置抱枕3材质。选择一个空白材质球，设置为VRayMtl材质类型，为漫反射通道添加衰减贴图，设置反射颜色及反射参数，如下图所示。

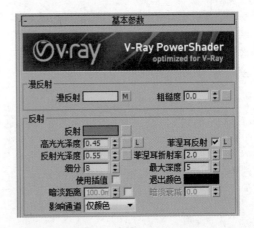

步骤08 反射颜色参数设置如右图所示。

步骤09 进入衰减参数设置面板，为衰减通道添加位图贴图，如下左图所示。

步骤10 添加的位图贴图如下右图所示。

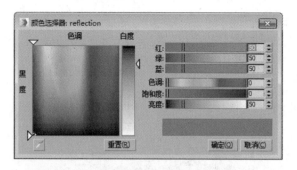

步骤11 设置好的抱枕3材质球如下图所示。

步骤12 按照同样的设置方法再设置一种抱枕材质，如下图所示。

步骤13 设置抱枕花边1材质。选择一个空白材质球，设置为VRayMtl材质类型，为漫反射通道添加衰减贴图，设置反射颜色及参数，如下图所示。

步骤14 进入衰减参数设置面板，为衰减通道添加位图贴图，如下图所示。

基本参数

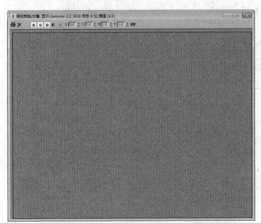

衰减参数

前:例

	100.0 ↕	Map #27 (11-2aZd.jpg)	✓
	100.0 ↕	Map #28 (11-2aZdd.jpg)	✓

衰减类型： 垂直/平行
衰减方向： 查看方向(摄影机 Z 轴)

模式特定参数：
对象： 无

Fresnel 参数：
✓ 覆盖材质 IOR   折射率   1.6 ↕

距离混合参数：
近端距离： 0.0mm ↕   远端距离： 100.0mm ↕
外推 □

V·ray V-Ray PowerShader
optimized for V-Ray

漫反射
漫反射 [   ] M   粗糙度 0.0 ↕

反射
反射 [   ]
高光光泽度 0.45 ↕ L   菲涅耳反射 ✓ L
反射光泽度 0.55 ↕   菲涅耳折射率 2.0 ↕
细分 8 ↕   最大深度 3 ↕
使用插值 □   退出颜色 [   ]
暗淡距离 100.0m ↕ □   暗淡衰减 0.0 ↕
影响通道 仅颜色 ▼

步骤15 衰减通道添加的位图贴图如下图所示。

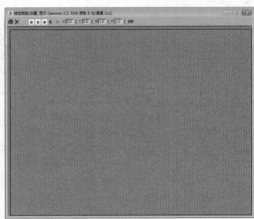

步骤16 "基本参数"卷展栏中设置的反射颜色如下图所示。

步骤17 设置好的抱枕花边1材质球如下图所示。

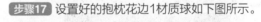

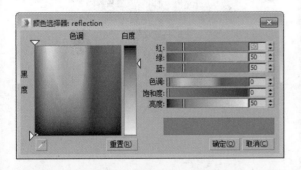

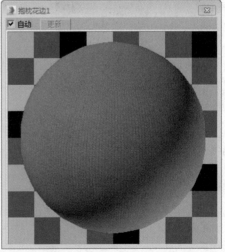

步骤18 设置抱枕6材质。复制抱枕花边 1 材质，在"贴图"卷展栏中的凹凸通道中添加位图贴图，如下图所示。

步骤19 添加的位图贴图如下图所示。

漫反射	100.0 ✓	Map #26（Falloff）
粗糙度	100.0 ✓	无
自发光	100.0 ✓	无
反射	100.0 ✓	无
高光光泽	100.0 ✓	无
反射光泽	100.0 ✓	无
菲涅耳折射率	100.0 ✓	无
各向异性	100.0 ✓	无
各向异性旋转	100.0 ✓	无
折射	100.0 ✓	无
光泽度	100.0 ✓	无
折射率	100.0 ✓	无
半透明	100.0 ✓	无
烟雾颜色	100.0 ✓	无
凹凸	30.0 ✓	贴图 #6 (05121621 df拷贝.jpg)
置换	100.0 ✓	无
不透明度	100.0 ✓	无
环境	✓	无

步骤20 设置好的抱枕6材质球如下图所示。

步骤21 设置床罩材质。复制抱枕6材质，更换衰减贴图，如下图所示。

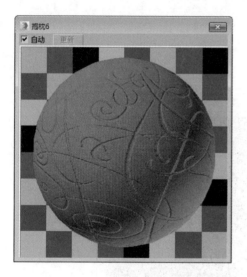

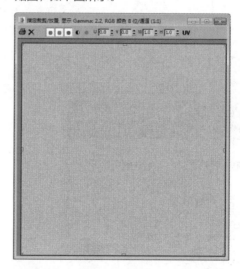

步骤22 进入凹凸贴图坐标设置面板，设置瓷砖UV数值，如下图所示。

步骤23 设置好的床罩材质球如下图所示。

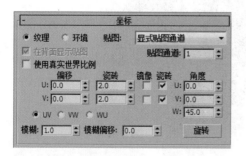

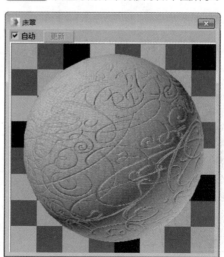

159

步骤24 将创建好的材质分别指定给床罩和抱枕模型，渲染场景效果如右图所示。

7.2.6 设置窗帘及窗套材质

最后来介绍一下窗帘及窗套的材质的制作，下面介绍具体的设置方法。

步骤01 设置窗帘杆材质。选择一个空白材质球，设置为VRayMtl材质类型，为漫反射通道和反射通道添加位图贴图，再设置反射参数，如下图所示。

步骤02 漫反射通道添加的位图贴图如下图所示。

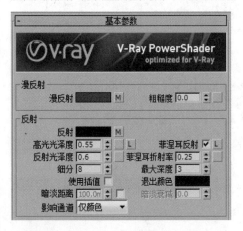

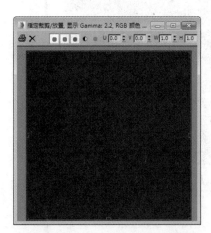

步骤03 反射通道添加的位图贴图如下图所示。

步骤04 设置好的窗帘杆材质球如下图所示。

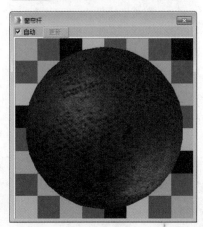

步骤05 设置窗帘材质1。选择一个空白材质球，设置为VRayMtl材质类型，为漫反射通道添加衰减贴图，设置反射颜色及反射参数，如下图所示。

步骤06 反射颜色参数设置如下图所示。

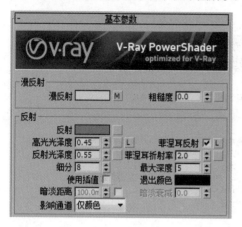

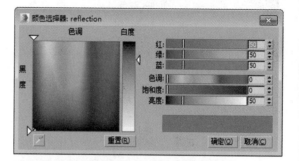

步骤07 进入衰减参数设置面板，为衰减通道添加位图贴图，如右图所示。

步骤08 衰减通道添加的位图贴图如下图所示。

步骤09 创建好的窗帘材质1如下图所示。

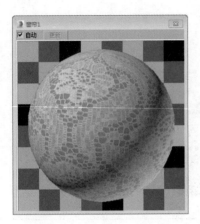

步骤10 设置窗帘材质2。选择一个空白材质球，设置为VRayMtl材质类型，为漫反射通道添加衰减贴图，设置反射颜色及反射参数，如下图所示。

步骤11 进入衰减参数设置面板，设置衰减颜色，如下图所示。

步骤12 衰减颜色参数设置如下图所示。

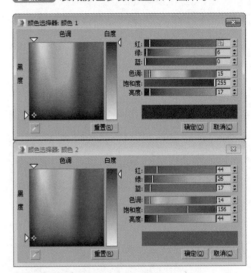

步骤13 返回到基本参数设置面板，设置反射颜色如下图所示。

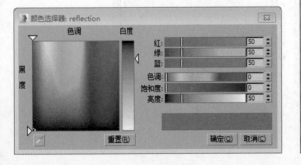

步骤14 设置好的窗帘材质2如下图所示。

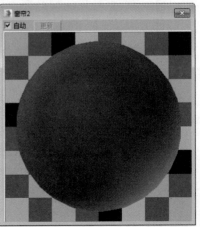

步骤15 设置窗套材质。选择一个空白材质球，设置为VRayMtl材质类型，为漫反射通道和反射通道添加衰减贴图，再设置反射参数，如下图所示。

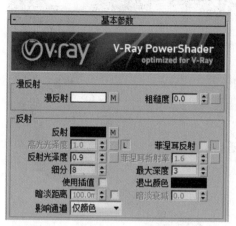

步骤17 衰减颜色设置如下图所示。

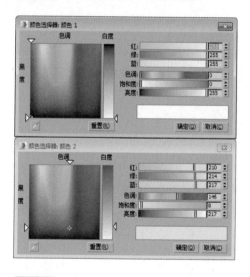

步骤19 衰减颜色参数设置如右图所示。

步骤16 进入漫反射通道的衰减参数设置面板，设置衰减颜色，如下图所示。

步骤18 进入反射通道的衰减参数设置面板，设置衰减颜色，如下图所示。

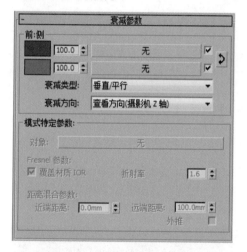

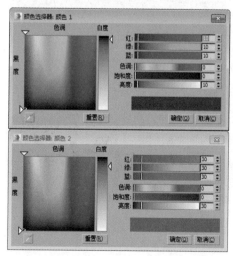

步骤20 设置好的窗套材质球如下图所示。

步骤21 将设置好的材质分别指定给窗帘和窗套模型，渲染效果如下图所示。

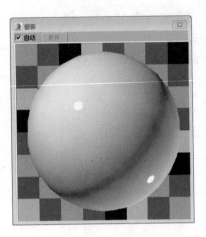

7.3 场景灯光设置及测试渲染

本案例表现的是不受太阳光直射的玄关效果，为了保证室内有充足的光照，这里我们将使用VRay光源来模拟室外天光，在门和窗口位置创建了VRay的面光源来为场景补光。

7.3.1 设置室外光源

下面介绍室外光源的设置步骤。

步骤01 单击VRay光源类型中的VR-灯光按钮，在前视图中创建一盏VRay面光源，调整灯光参数及位置，作为室外主要光源，如下图所示。

步骤02 灯光的具体参数设置如下图所示。

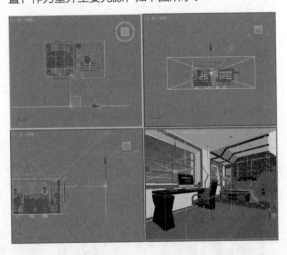

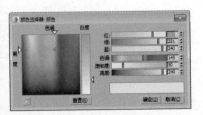

步骤03 继续创建VR灯光，调整灯光参数及位置，作为室外光源补光，如下图所示。

步骤04 灯光的具体参数设置如下图所示。

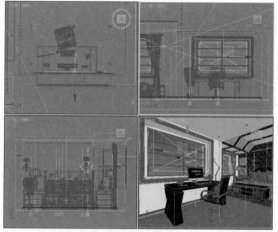

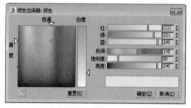

步骤05 实例复制灯光到另一侧窗户，调整到合适位置，如下图所示。

步骤06 灯光的具体参数设置如下图所示。

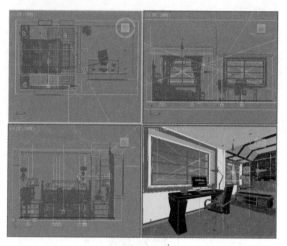

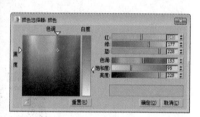

7.3.2 设置室内光源

本场景中的光源主要是台灯以及筒灯，光源布局比较均匀，下面介绍室内光源的创建过程。

步骤01 首先创建台灯光源。创建球形VR灯光进行表现，调整到合适位置，再复制到床头另一侧台灯位置，如右图所示。

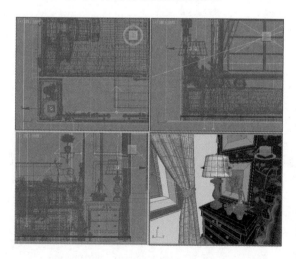

步骤02 台灯灯光的具体参数设置如右图所示。

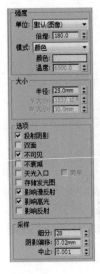

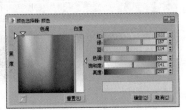

步骤03 创建一盏目标点光源，调整到合适位置并进行实例复制，如下图所示。

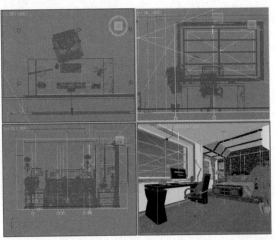

步骤04 开启VR-阴影，添加光域网，再设置强度、颜色等参数，如下图所示。

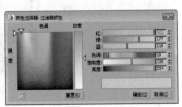

7.3.3 测试渲染设置

灯光和材质都已经创建完毕，这里需要先对场景进行一个测试渲染，下面介绍测试渲染参数的设置。

步骤01 按F10键打开"渲染设置"窗口，在"帧缓冲区"卷展栏下取消勾选"启用内置帧缓冲区"选项，如下图所示。

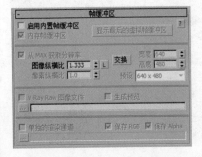

步骤02 在"图像采样器（抗锯齿）"卷展栏下设置抗锯齿类型和过滤器类型，如下图所示。

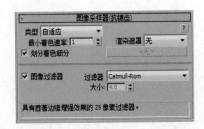

步骤03 开启全局照明，设置二次引擎为"灯光缓存"，如下图所示。

步骤04 在"发光图"卷展栏中设置预设级别为"非常低"，如下图所示。

步骤05 在"灯光缓存"卷展栏中设置细分值为400，如下图所示。

步骤06 按F9键对摄影机视图进行快速渲染，测试效果如下图所示。

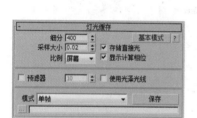

步骤07 观察测试效果，发现存在曝光过度的问题，因此在"颜色贴图"卷展栏中将曝光类型设置为"指数"，如下图所示。

步骤08 再次进行渲染，效果如下图所示，这次得到了满意的效果。

7.4 场景渲染出图

对场景进行测试渲染直到满意之后，就可以正式渲染最终成品图像了，具体步骤如下。

步骤01 打开"全局确定性蒙特卡洛"卷展栏，设置噪波阈值和最小采样值，勾选"时间独立"选项，如下图所示。

步骤02 设置发光图级别为"高"，再设置细分值和插值采样值，如下图所示。

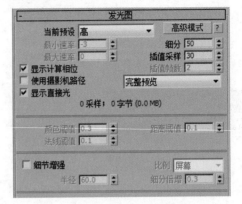

步骤03 在"灯光缓存"卷展栏中设置细分值及插值采样值，如下图所示。

步骤04 设置图像输出尺寸，如下图所示。

步骤05 渲染最终效果，如右图所示。

Chapter

08

厨房场景表现

本案例将介绍一个厨房模型的制作，厨房中的物体繁多，材质各式各样，最适合进行材质的设置练习。综合前面所掌握的材质以及灯光知识，完成本案例的制作。

知识要点

① 各种材质的创建
② 场景灯光的设置
③ 测试渲染参数
④ 渲染场景

上机安排

学习内容	学习时间
● 橱柜材质的创建	25分钟
● 厨具材质的创建	20分钟
● 餐具材质的创建	20分钟
● 光源的设置	20分钟
● 渲染参数的设置	15分钟

8.1 案例介绍

　　本案例要表现的是一个欧式风格的厨房效果，整体为暖色的色调，冷色的墙面作为辅助。由于厨具、餐具和食物较多，因此主要是要表现这一类材质，下图所示为线框效果和最终渲染效果。

　　下图所示的是一些细节的渲染，读者可以近距离观察物体的质感效果。

8.2 设置场景材质

本案例中需要表现的材质除了面积较大的墙体、地面、橱柜外，还需要表现较为细致的餐具材质等，在本节中将会一一进行详细的介绍。

8.2.1 设置主体材质

首先来设置场景的主体材质，主要包括地面、墙体、顶面三个部分，其中墙面又包括乳胶漆材质和马赛克材质。具体的操作步骤如下。

步骤01 设置乳胶漆材质。按M键打开材质编辑器，选择一个空白材质球，设置为VRayMtl材质；设置漫反射颜色为白色，其余设置保持默认，如下图所示。

步骤02 创建好的乳胶漆材质球如下图所示。

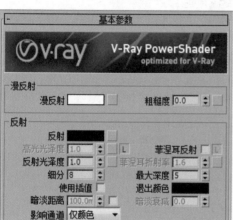

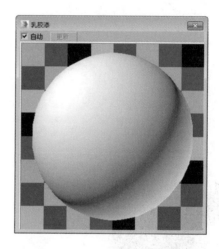

步骤03 设置墙面马赛克材质。选择一个空白材质球，设置为VRayMtl材质类型；在"贴图"卷展栏中为漫反射通道和凹凸通道添加位图贴图，设置凹凸值，再为反射通道添加衰减贴图，如下图所示。

步骤04 为漫反射通道和凹凸通道添加的位图贴图如下图所示。

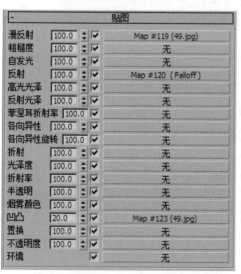

步骤05 进入衰减参数设置面板，设置衰减类型，如下图所示。

步骤06 返回基本参数设置面板，设置反射参数，如下图所示。

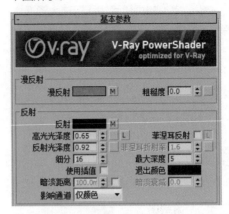

步骤07 设置好的马赛克材质球如下图所示。

步骤08 设置地面材质。选择一个空白材质球，设置为VRayMtl材质类型；在"贴图"卷展栏中为漫反射通道和凹凸通道添加位图贴图，设置凹凸值，再为反射通道添加衰减贴图，如下图所示。

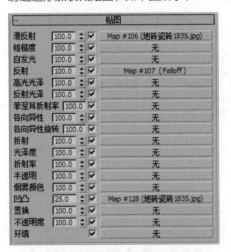

步骤09 为漫反射通道和凹凸通道添加的位图贴图如下图所示。

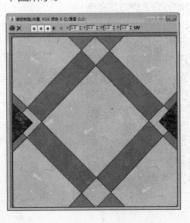

步骤10 衰减贴图参数设置如下图所示。

步骤11 衰减颜色参数设置如下图所示。

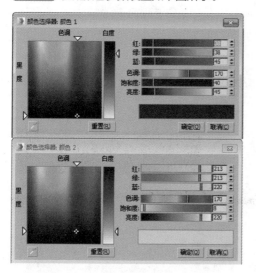

步骤12 进入基本参数设置面板，设置反射参数，如下图所示。

步骤13 设置好的地面材质球如下图所示。

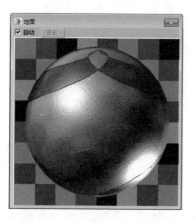

步骤14 设置踢脚线材质。选择一个空白材质球，设置为VRayMtl材质类型；设置漫反射颜色，为反射通道添加衰减贴图，再设置反射参数，如下图所示。

步骤15 漫反射颜色参数设置如下图所示。

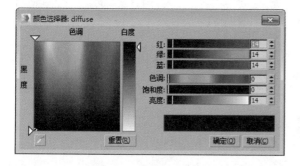

步骤16 进入衰减参数设置面板，设置衰减类型，如下图所示。

步骤17 设置好的踢脚线材质球如下图所示。

步骤18 将创建好的材质指定给场景中的顶面、墙面、地面，渲染效果如下图所示。

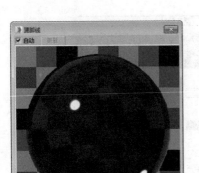

8.2.2 设置橱柜材质

本小节中要介绍的是橱柜材质的设置，包括木纹材质、玻璃材质以及大理石台面材质，下面介绍材质的制作过程。

步骤01 设置橱柜木纹材质。选择一个空白材质球，设置为VRayMtl材质类型，在"贴图"卷展栏中为漫反射通道添加位图贴图，为反射通道添加衰减贴图，如下图所示。

步骤02 漫反射通道添加的位图贴图如下图所示。

贴图			
漫反射	100.0	✓	Map #114 (木纹295.jpg)
粗糙度	100.0	✓	无
自发光	100.0	✓	无
反射	100.0	✓	Map #115 (Falloff)
高光光泽	100.0	✓	无
反射光泽	100.0	✓	无
菲涅耳折射率	100.0	✓	无
各向异性	100.0	✓	无
各向异性旋转	100.0	✓	无
折射	100.0	✓	无
光泽度	100.0	✓	无
折射率	100.0	✓	无
半透明	100.0	✓	无
烟雾颜色	100.0	✓	无
凹凸	30.0	✓	无
置换	100.0	✓	无
不透明度	100.0	✓	无
环境		✓	无

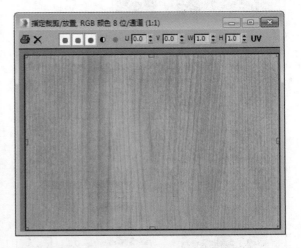

步骤03 进入反射通道的衰减参数设置面板，设置衰减颜色和衰减类型，如下图所示。

步骤04 衰减颜色参数设置如下图所示。

步骤05 返回到基本参数设置面板,设置反射参数,如下图所示。

步骤06 创建好的木纹材质球效果如下图所示。

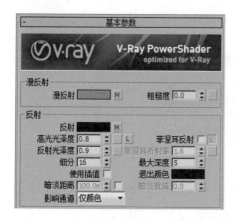

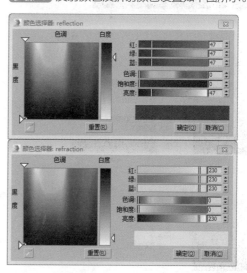

步骤07 设置橱柜玻璃材质。选择一个空白材质球,设置为VRayMtl材质类型,然后设置漫反射颜色为白色,再设置反射颜色、折射颜色以及反射参数,如下图所示。

步骤08 反射颜色及折射颜色设置如下图所示。

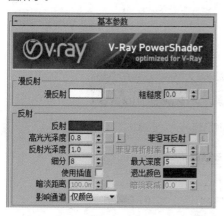

步骤09 设置好的橱柜玻璃材质球如下图所示。

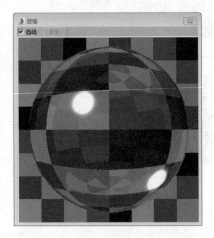

步骤10 设置橱柜大理石台面材质。选择一个空白材质球，设置为VRayMtl材质类型；在"贴图"卷展栏中为漫反射通道添加位图贴图，为反射通道添加衰减贴图，如下图所示。

步骤11 漫反射通道添加的位图贴图如下图所示。

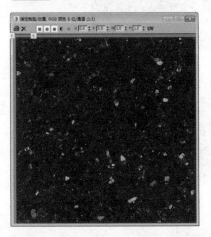

步骤12 进入反射通道的衰减参数设置面板，设置衰减颜色及衰减类型，如下图所示。

步骤13 衰减颜色参数设置如下图所示。

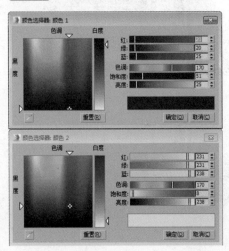

步骤14 返回到基本参数设置面板，设置反射参数，如下图所示。

步骤15 设置好的橱柜大理石台面材质球效果如下图所示。

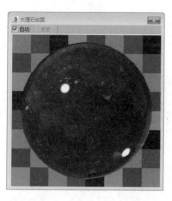

步骤16 设置抽油烟机不锈钢材质。选择一个空白材质球，设置为VRayMtl材质类型；设置漫反射颜色及反射颜色，再设置反射参数，如下图所示。

步骤17 漫反射颜色及反射颜色设置如下图所示。

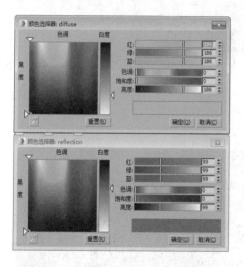

步骤18 在"贴图"卷展栏中为凹凸通道添加噪波贴图，进入噪波参数设置面板，设置噪波相关参数，如下图所示。

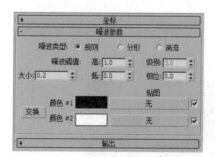

步骤19 设置好的抽油烟机不锈钢材质球效果如下图所示。

步骤20 将设置好的材质分别指定给场景中的橱柜等模型，渲染效果如下图所示。

8.2.3 设置灶台材质

场景中的灶台位置有餐具和厨具，需要制作的不锈钢种类较多，读者可以仔细观察最后的渲染效果，下面介绍具体的材质制作过程。

步骤01 设置煤气灶不锈钢材质。选择一个空白材质球，设置为VRayMtl材质类型；设置漫反射颜色、反射颜色，再设置反射参数，如下图所示。

步骤02 漫反射颜色与反射颜色设置如下图所示。

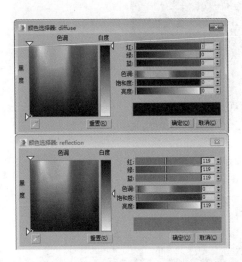

步骤03 设置好的煤气灶不锈钢材质球效果如下图所示。

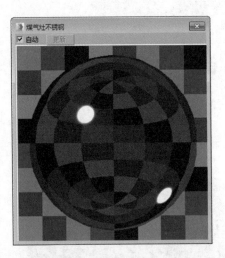

步骤04 设置平底锅材质。选择平底锅模型，在修改命令面板中进入"元素"子层级，选择平底锅把手，如下图所示。

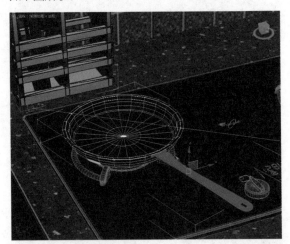

步骤05 在"多边形：材质ID"卷展栏中设置ID为1，如右图所示。

步骤06 再选择平底锅锅体，如下左图所示。

步骤07 在"多边形：材质ID"卷展栏中设置ID为2，如下右图所示。

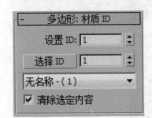

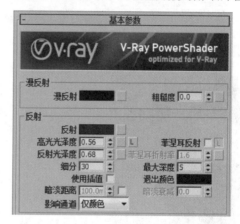

步骤08 在材质编辑器中选择一个空白材质球，设置为"多维/子材质"，设置子对象数量为2，两个子材质均为VRayMtl材质类型，如下图所示。

步骤09 进入子材质1基本参数设置面板，设置漫反射颜色和反射颜色，再设置反射参数，如下图所示。

步骤10 漫反射颜色和反射颜色设置如下图所示。

步骤11 设置好的材质球效果如下图所示。

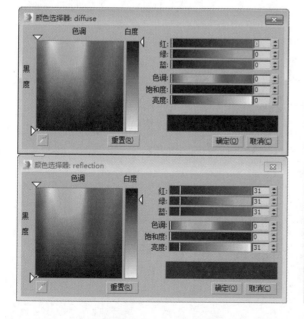

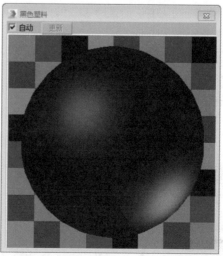

步骤12 进入子材质2基本参数设置面板，设置漫反射颜色与反射颜色，再设置反射参数，如下图所示。

步骤13 漫反射颜色与反射颜色设置如下图所示。

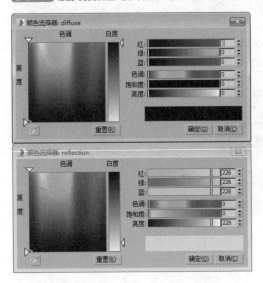

步骤14 设置好的材质球如下图所示。

步骤15 "多维/子材质"材质球如下图所示。

步骤16 设置水壶不锈钢1材质。选择一个空白材质球，设置为VRayMtl材质类型；设置漫反射颜色与反射颜色，再设置反射参数，如下图所示。

步骤17 漫反射颜色与反射颜色设置如下图所示。

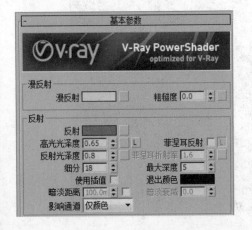

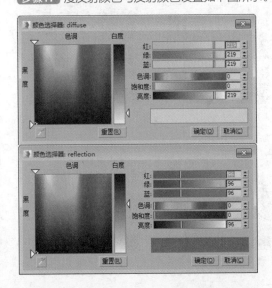

步骤18 设置好的水壶不锈钢1材质球效果如下图所示。

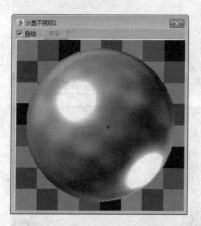

步骤19 设置水壶不锈钢2材质。选择一个空白材质球，设置为VRayMtl材质类型；设置漫反射颜色与反射颜色，再设置反射参数，如下图所示。

步骤20 漫反射颜色和反射颜色设置如下图所示。

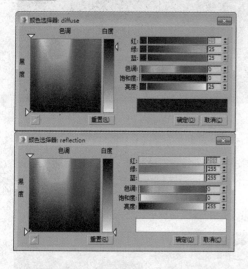

步骤21 设置好的水壶不锈钢2材质球效果如下图所示。

步骤22 设置木质筷笼材质。选择一个空白材质球，设置为VRayMtl材质类型；为漫反射通道添加位图贴图，设置反射颜色及参数，如下图所示。

步骤23 漫反射通道添加的位图贴图如下图所示。

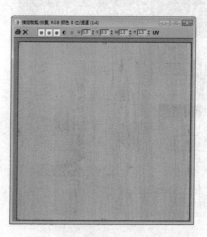

步骤24 反射颜色设置如右图所示。

步骤25 设置好的筷笼材质球如下左图所示。

步骤26 将设置好的材质分别指定给灶台区域的煤气灶、水壶、平底锅、餐具等，渲染效果如下右图所示。

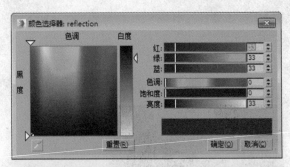

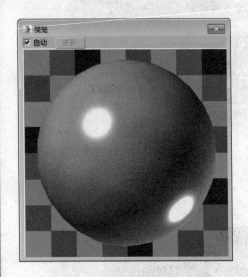

8.2.4 设置操作台材质

本实例场景中的操作台简单大方，需要制作的也就是台面材质和操作台的主体材质。台面是有轻微纹理的白色油漆材质，操作台主体材质是有凹凸感的颗粒涂料，下面介绍具体的材质制作过程。

步骤01 设置涂料材质。选择一个空白材质球，设置为VRayMtl材质类型；设置漫反射颜色与反射颜色，再设置反射参数，如下图所示。

步骤02 漫反射颜色与反射颜色设置如下图所示。

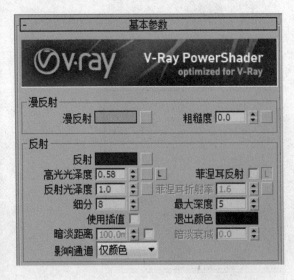

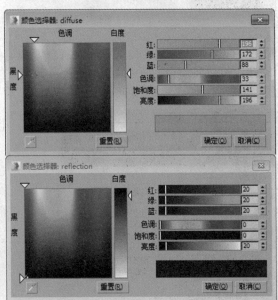

步骤03 在"选项"卷展栏中取消勾选"跟踪反射"选项，如下图所示。

步骤04 为凹凸通道添加下图所示的位图贴图。

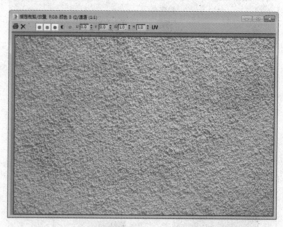

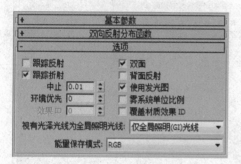

步骤05 设置好的涂料材质球如下图所示。

步骤06 设置操作台台面材质。选择一个空白材质球，设置为VRayMtl材质类型；在"贴图"卷展栏中为反射通道添加衰减贴图，为凹凸通道添加位图贴图，为环境通道添加输出贴图，设置凹凸值为20，如下图所示。

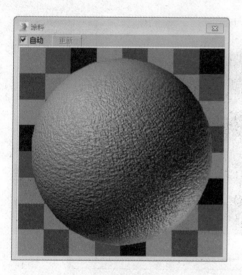

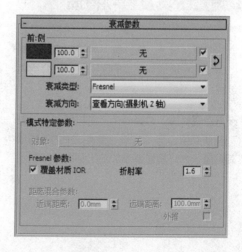

步骤07 在衰减参数设置面板中设置衰减颜色与衰减类型，如右图所示。

步骤08 衰减颜色参数设置如下左图所示。

步骤09 凹凸通道添加的位图贴图如下右图所示。

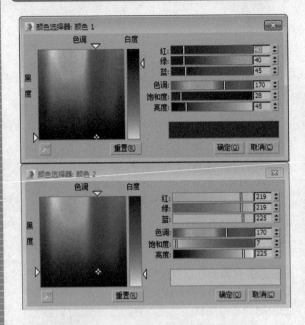

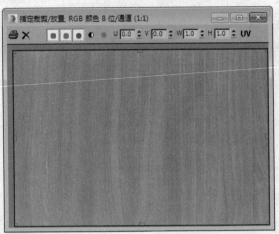

步骤10 设置好的操作台台面材质球如下图所示。

步骤11 将设置好的材质指定给操作台,渲染效果如下图所示。

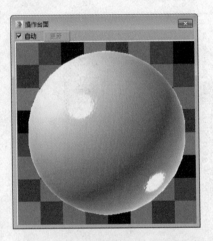

8.2.5 设置餐具及食物材质

这里要介绍的主要是位于操作台上方的餐具及食物的材质,如白瓷、玻璃、液体等,种类繁多,在材质的制作上需要注意玻璃与液体的区别。下面介绍具体的制作过程。

步骤01 设置白瓷材质。选择一个空白材质球,设置为VRayMtl材质类型;在"贴图"卷展栏中为反射通道添加衰减贴图,为环境通道添加输出贴图,如右图所示。

贴图			
漫反射	100.0	✔	无
粗糙度	100.0	✔	无
自发光	100.0	✔	无
反射	100.0	✔	Map #93（Falloff）
高光光泽	100.0	✔	无
反射光泽	100.0	✔	无
菲涅耳折射率	100.0	✔	无
各向异性	100.0	✔	无
各向异性旋转	100.0	✔	无
折射	100.0	✔	无
光泽度	100.0	✔	无
折射率	100.0	✔	无
半透明	100.0	✔	无
烟雾颜色	100.0	✔	无
凹凸	30.0	✔	无
置换	100.0	✔	无
不透明度	100.0	✔	无
环境		✔	Map #94（输出）

步骤02 进入反射通道的衰减参数设置面板，设置衰减类型，如下图所示。

步骤03 返回到基本参数设置面板，设置漫反射颜色及反射参数，如下图所示。

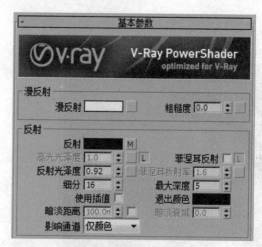

步骤04 设置好的白瓷材质球效果如右图所示。

步骤05 设置玻璃器皿材质。选择一个空白材质球，设置为VRayMtl材质类型；设置反射颜色和折射颜色，再设置反射参数与折射参数，如下左图所示。

步骤06 反射颜色与折射颜色设置如下右图所示。

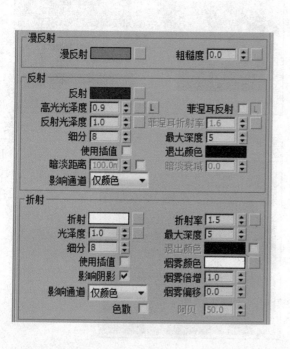

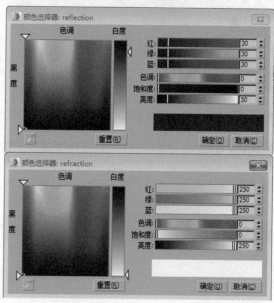

步骤07 设置好的玻璃器皿材质球如下图所示。

步骤08 设置瓶盖材质。选择一个空白材质球，设置为VRayMtl材质类型；设置漫反射颜色，为反射通道添加衰减贴图，再设置反射参数，如下图所示。

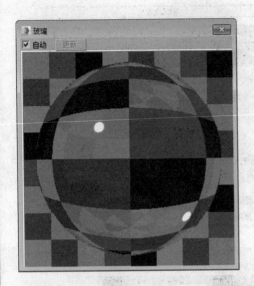

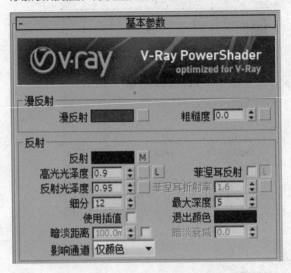

步骤09 进入反射通道的衰减参数设置面板，设置衰减类型，如下图所示。

步骤10 漫反射颜色参数设置如下图所示。

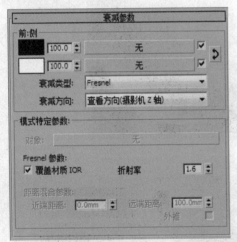

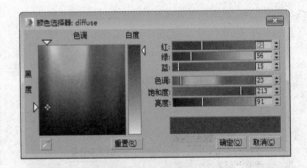

步骤11 设置好的瓶盖材质球如右图所示。

步骤12 设置竹篮材质。选择一个空白材质球，设置为VRayMtl材质类型；在"贴图"卷展栏中为漫反射通道添加位图贴图，为反射通道添加衰减贴图，如下左图所示。

步骤13 漫反射通道中添加的位图贴图如下右图所示。

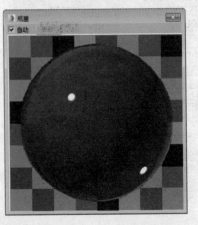

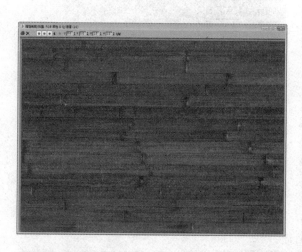

步骤14 进入反射通道的衰减参数设置面板，设置衰减颜色和衰减类型，如下图所示。

步骤15 衰减颜色参数设置如下图所示。

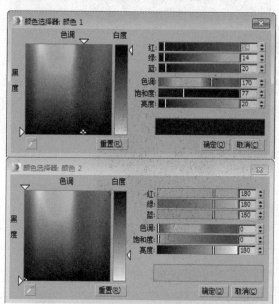

步骤16 设置好的竹篮材质球如右图所示。

步骤17 设置辣椒酱材质。选择一个空白材质球，设置为VRayMtl材质类型；在"贴图"卷展栏中为漫反射通道和凹凸通道添加位图贴图，如下左图所示。

步骤18 漫反射通道和凹凸通道添加的位图贴图如下右图所示。

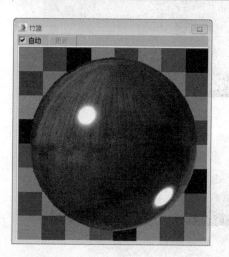

	贴图		
漫反射	100.0 ↕ ☑		Map #68 (15d.jpg)
粗糙度	100.0 ↕ ☑		无
自发光	100.0 ↕ ☑		无
反射	100.0 ↕ ☑		无
高光光泽	100.0 ↕ ☑		无
反射光泽	100.0 ↕ ☑		无
菲涅耳折射率	100.0 ↕ ☑		无
各向异性	100.0 ↕ ☑		无
各向异性旋转	100.0 ↕ ☑		无
折射	100.0 ↕ ☑		无
光泽度	100.0 ↕ ☑		无
折射率	100.0 ↕ ☑		无
半透明	100.0 ↕ ☑		无
烟雾颜色	100.0 ↕ ☑		无
凹凸	100.0 ↕ ☑		Map #85 (15d.jpg)
置换	100.0 ↕ ☑		无
不透明度	100.0 ↕ ☑		无
环境	☑		无

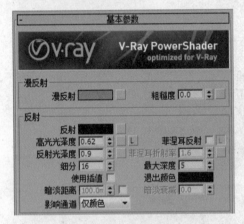

步骤19 设置好的辣椒酱材质球如下图所示。

步骤20 设置鸡蛋材质。选择一个空白材质球,设置为VRayMtl材质类型;设置漫反射颜色与反射颜色,再设置反射参数,如下图所示。

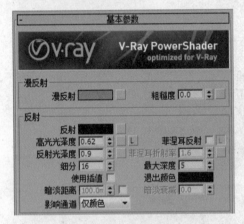

步骤21 漫反射颜色与反射颜色设置如下图所示。

步骤22 设置好的鸡蛋材质球如下图所示。

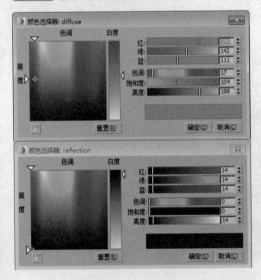

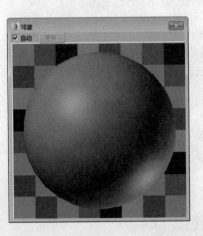

步骤23 设置红酒材质。选择一个空白材质球,设置为VRayMtl材质类型;设置漫反射颜色与折射颜色,为反射通道添加衰减贴图,再设置反射参数与折射参数,如下图所示。

步骤24 漫反射颜色与折射颜色设置如下图所示。

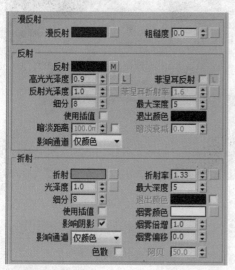

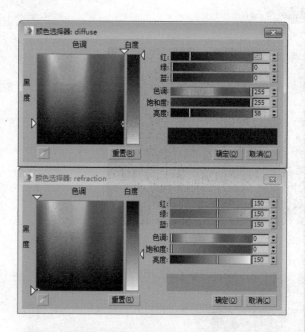

步骤25 设置折射烟雾颜色,如右图所示。

步骤26 进入衰减参数设置面板,设置衰减颜色与衰减类型,如下左图所示。

步骤27 衰减颜色参数设置如下右图所示。

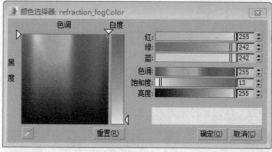

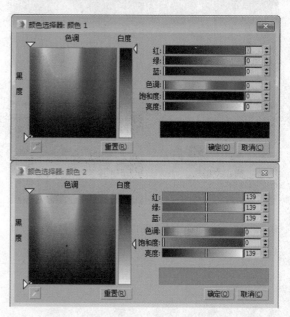

步骤28 设置好的红酒材质球如下图所示。

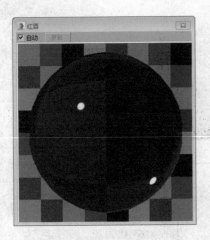

步骤29 将设置好的各种材质分别指定给操作台上的各种物体，渲染效果如下图所示。

8.3 场景灯光设置及测试渲染

本案例表现的是场景灯光的设置及渲染，包括设置光源、测试渲染设置等内容。

8.3.1 设置光源

下面介绍光源的设置步骤。

步骤01 单击VRay光源类型中的VR-灯光按钮，在左视图中创建一盏目标平行光，调整灯光角度及灯光参数，作为室外主光源，如下图所示。

步骤02 开启VR-阴影，设置倍增值及灯光颜色，再设置平行光参数，如下图所示。

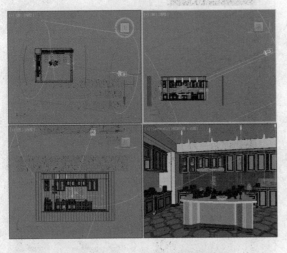

步骤03 在左视图中创建VR灯光，调整灯光参数及位置，作为室外天空光源补光，如下图所示。

步骤04 灯光的具体参数设置如下图所示。

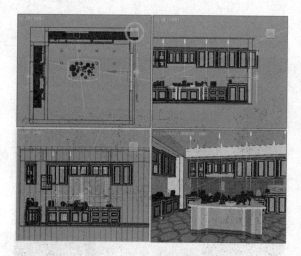

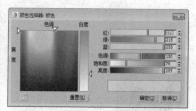

步骤05 复制灯光并调整到合适的位置，如下图所示。

步骤06 重新调整灯光倍增值及颜色，该灯光作为室外阳光补光，如下图所示。

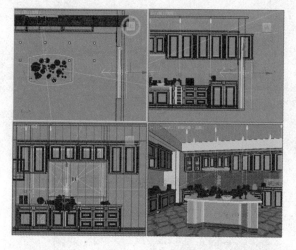

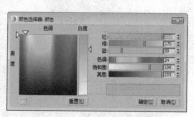

步骤07 继续复制VR灯光到一侧窗口，调整灯光大小及强度，如下图所示。

步骤08 创建目标灯光，开启VR-阴影，设置灯光分布类型为"光度学Web"，为其添加光域网，再设置灯光强度与颜色，如下图所示。

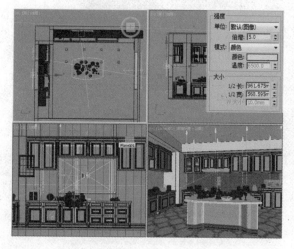

步骤09 灯光参数设置如下图所示。

步骤10 调整灯光位置，再实例复制灯光，即可完成光源的创建，如下图所示。

8.3.2 测试渲染设置

灯光和材质都已经创建完毕，这里需要先对场景进行一个测试渲染，下面介绍测试渲染参数的设置。

步骤01 按F10键打开"渲染设置"窗口，在"帧缓冲区"卷展栏下取消勾选"启用内置帧缓冲区"选项，如下图所示。

步骤02 在"图像采样器（抗锯齿）"卷展栏下设置抗锯齿类型和过滤器类型，如下图所示。

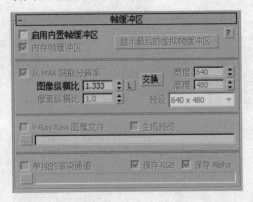

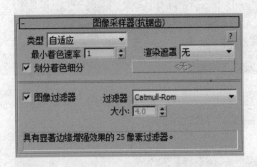

步骤03 开启全局照明，设置二次引擎为"灯光缓存"，如下图所示。

步骤04 在"发光图"卷展栏中设置预设级别为"非常低"，如下图所示。

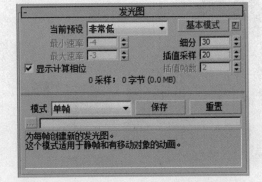

步骤05 在"灯光缓存"卷展栏中设置细分值为400，如下图所示。

步骤06 按F9键对摄影机视图进行快速渲染，测试效果如下图所示。

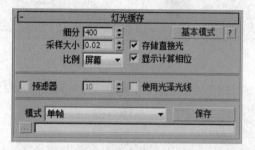

步骤07 观察测试效果，发现存在曝光过度的问题，因此在"颜色贴图"卷展栏中将曝光类型设置为"指数"，如下图所示。

步骤08 再次进行渲染，效果如下图所示，这次得到了满意的效果。

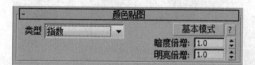

8.4 场景渲染效果

对场景进行测试渲染直到满意之后，就可以正式渲染最终成品图像了，具体步骤如下。

步骤01 打开"全局确定性蒙特卡洛"卷展栏，设置噪波阈值和最小采样值，勾选"时间独立"选项，如下图所示。

步骤02 设置发光图级别为"高"，再设置细分值和插值采样值，如下左图所示。

步骤03 在"灯光缓存"卷展栏中设置细分值及插值采样值，如下中图所示。

步骤04 最后设置图像输出尺寸，如下右图所示。

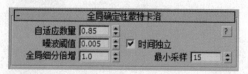

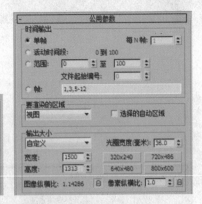

步骤05 渲染最终效果，如下图所示。

Appendix
附 录
课后练习参考答案

Chapter 01

一、选择题

1. D   2. C   3. D   4. D

二、填空题

1. 高光颜色、不透明度和反射折射
2. 材质示例窗、参数卷展栏
3. 漫反射
4. 全透明、不透明

Chapter 02

一、选择题

1. B   2. B   3. A   4. D

二、填空题

1. 合成材质
2. VRayMtl材质
3. 多维/子对象材质
4. 两种

Chapter 03

一、选择题

1. A   2. D   3. B   4. B

二、填空题

1. 烟雾贴图
2. 衰减贴图
3. 细胞贴图
4. 渐变贴图

Chapter 04

一、选择题

1. C   2. B   3. B   4. C   5. C

二、填空题

1. 建筑材料和厨房用具
2. 通透、折射、焦散
3. 黄金材质
4. 高反射

Chapter 05

一、选择题

1. D   2. D   3. A   4. B

二、填空题

1. 线性渐变　放射渐变
2. 将材质赋给所选物体
3. 同步
4. 基本参数
   扩展参数